高等职业教育数控技术专业教学改革成果系列教材

电子技术基础与技能训练

主　编　范次猛
副主编　吕　纯　吴玉琴
主　审　朱国平

电子工业出版社
Publishing House of Electronics Industry
北京·BEIJING

内 容 简 介

本书将电子技术的理论、实验和实训内容融为一体,主要内容包括:晶体二极管及其应用、半导体三极管及放大电路基础、数字电路基础、组合逻辑电路、时序逻辑电路、脉冲波形的产生与整形、数/模转换和模/数转换、半导体存储器等。每章后面都附有思考题与习题,便于自学。

本书可作为高等职业院校数控技术应用专业、机电一体化技术专业、电气自动化技术专业、模具设计与制造等机电类专业学生的教学用书,也可作为工程技术人员学习电子技术基础的参考书。

未经许可,不得以任何方式复制或抄袭本书之部分或全部内容。
版权所有,侵权必究。

图书在版编目(CIP)数据

电子技术基础与技能训练 / 范次猛主编. —北京:电子工业出版社,2013.4
高等职业教育数控技术专业教学改革成果系列教材
ISBN 978-7-121-20060-1

Ⅰ. ①电… Ⅱ. ①范… Ⅲ. ①电子技术—高等职业教育—教材 Ⅳ. ①TN

中国版本图书馆 CIP 数据核字(2013)第 063404 号

策划编辑:朱怀永
责任编辑:朱怀永
印　　刷:北京虎彩文化传播有限公司
装　　订:北京虎彩文化传播有限公司
出版发行:电子工业出版社
　　　　　北京市海淀区万寿路 173 信箱　邮编:100036
开　　本:787×1092　1/16　印张:14　字数:358 千字
版　　次:2013 年 4 月第 1 版
印　　次:2021 年 11 月第 12 次印刷
定　　价:36.80 元

凡所购买电子工业出版社图书有缺损问题,请向购买书店调换。若书店售缺,请与本社发行部联系,联系及邮购电话:(010)88254888,88258888。
质量投诉请发邮件至 zlts@phei.com.cn,盗版侵权举报请发邮件至 dbqq@phei.com.cn。
本书咨询联系方式:(010)88254608。

前 言

本书定位于高等职业院校机电类专业的专业基础课程，是根据最新制定的"电子技术基础与技能训练"核心课程标准，并参照最新相关国家职业标准及有关行业的职业标准规范编写的。本书重点内容是电子技术基础的基本理论，以及与机电类专业目标岗位群密切相关的技能训练。本书在编写过程中，力求体现理论与实践一体化的特色。

本书立足于高职人才培养目标，充分考虑高职学生的特点，遵循"理论够用、内容实用、学了能用、突出能力培养"的原则，对内容进行了精选。全书概念叙述清楚，深入浅出，通俗易懂，理论联系实际。

本书特点主要有以下几个方面：

① 本书从职业（岗位）需求分析入手，参照国家职业标准《维修电工》、《家用电子产品维修工》、《无线电装接工》、《家用电器产品维修工》等的要求，精选教材内容，切实落实"管用、够用、适用"的教学指导思想。

② 本书在内容的编排设计上，把能力培养放在首位，将电子技术的基本原理与生产生活实际应用相结合，注重实践技能的培养，注意反映电子技术领域的新知识、新技术、新工艺和新材料。

③ 本书在编写过程中，淡化器件内部结构分析，重点介绍器件的符号、特性、功能及应用。突出基本概念、基本原理和基本分析方法，采用较多的图表来代替文字描述和进行归纳、对比。

④ 体现以技能训练为主线、相关知识为支撑的编写思路，较好地处理了理论教学与技能训练的关系，有利于帮助学生掌握知识、形成技能、提高能力。

⑤ 本书编写过程中，注意生活及应用实例与知识点的链接，注意在专业知识中渗透职业素养的内容，力求使学生树立环保、节能、安全意识，为发展职业能力奠定良好的基础。

本书由范次猛任主编，并完成全书的统稿工作；朱国平任主审。全书共分 8 章，第 1，2 章由吴玉琴编写，第 3，4，5，6，7 章由范次猛编写，第 8 章及全书的实训项目由吕纯编写。

由于编者水平有限，书中难免存在不足，恳请同行和使用本书的广大读者批评指正。

编 者
2012 年 10 月

目 录

第1章 晶体二极管及其应用 (1)
  1.1 晶体二极管的使用 (1)
    1.1.1 半导体的基本知识 (1)
    1.1.2 晶体二极管的结构、类型及符号 (4)
    1.1.3 晶体二极管的特性 (5)
    1.1.4 特殊晶体二极管 (7)
    1.1.5 实训项目：使用万用表测量二极管 (9)
  1.2 整流电路 (11)
    1.2.1 单相半波整流电路 (11)
    1.2.2 单相桥式整流电路 (13)
    1.2.3 实训项目：单相桥式整流电路的安装与调试 (16)
  1.3 滤波电路 (21)
    1.3.1 滤波电路的工作原理 (22)
    1.3.2 实训项目：滤波电路安装与调试 (26)
  1.4 晶闸管可控整流电路 (31)
    1.4.1 晶闸管 (32)
    1.4.2 实训项目：晶闸管的测量 (33)
    1.4.3 晶闸管单相可控整流电路 (35)
    1.4.4 实训项目：家用调光台灯制作 (38)
  思考题与习题1 (40)

第2章 半导体三极管及放大电路基础 (43)
  2.1 半导体三极管 (43)
    2.1.1 三极管的基本结构与类型 (43)
    2.1.2 三极管的电流放大原理 (45)
    2.1.3 三极管的特性曲线及主要参数 (46)
    2.1.4 实训项目：三极管的判别与检测 (48)
  2.2 基本放大电路 (50)
    2.2.1 共发射极基本放大电路 (51)
    2.2.2 共发射极放大电路的分析 (52)
    2.2.3 分压式偏置放大电路 (58)
    2.2.4 实训项目：分压式偏置放大电路安装与调试 (60)

2.3 低频功率放大器 (63)
2.3.1 低频功率放大器 (64)
2.3.2 典型集成功率放大器 (67)
2.3.3 实训项目：音频功率放大器安装与调试 (68)
2.4 集成运算放大器 (70)
2.4.1 集成运算放大器 (70)
2.4.2 集成运算放大器的基本运算电路 (77)
2.4.3 放大电路的负反馈 (83)
2.4.4 实训项目：比例运算放大器安装与调试 (85)
2.5 直流稳压电源 (88)
2.5.1 硅稳压管稳压电路 (89)
2.5.2 串联型三极管稳压电路 (90)
2.5.3 集成稳压电路 (93)
2.5.4 实训项目：三端集成稳压电源的组装与调试 (97)
思考题与习题 2 (99)

第 3 章 数字电路基础 (103)
3.1 脉冲与数字信号 (103)
3.2 数制与码制 (107)
3.2.1 数制 (107)
3.2.2 不同进制数之间的相互转换 (108)
3.2.3 BCD 编码 (110)
3.3 逻辑门电路 (111)
3.3.1 简单门电路 (112)
3.3.2 TTL 集成逻辑门电路 (116)
3.3.3 CMOS 集成门电路 (121)
思考题与习题 3 (125)

第 4 章 组合逻辑电路 (127)
4.1 组合逻辑电路的基本知识 (127)
4.1.1 逻辑代数 (127)
4.1.2 逻辑函数的化简 (128)
4.1.3 组合逻辑电路的分析 (130)
4.1.4 组合逻辑电路的设计 (132)
4.1.5 实训项目：三人表决器的制作 (133)
4.2 编码器 (135)
4.2.1 编码器的基本知识 (136)
4.2.2 集成编码器的产品简介 (138)
4.3 译码器 (141)

4.3.1　译码器的基本知识 ………………………………………………………（141）
　　4.3.2　集成译码器产品简介 ………………………………………………………（147）
　　4.3.3　实训项目：七段显示器的安装连接和功能测试 …………………………（150）
思考题与习题 4 ……………………………………………………………………………（152）

第 5 章　时序逻辑电路 ……………………………………………………………（155）
5.1　RS 触发器 …………………………………………………………………………（155）
　　5.1.1　基本 RS 触发器 ………………………………………………………………（156）
　　5.1.2　同步 RS 触发器 ………………………………………………………………（159）
5.2　时钟触发器 …………………………………………………………………………（162）
　　5.2.1　主从 JK 触发器 ………………………………………………………………（162）
　　5.2.2　边沿 JK 触发器 ………………………………………………………………（163）
5.3　D 触发器 ……………………………………………………………………………（165）
　　5.3.1　同步 D 触发器 …………………………………………………………………（166）
　　5.3.2　边沿 D 触发器 …………………………………………………………………（166）
5.4　寄存器 ………………………………………………………………………………（168）
　　5.4.1　数码寄存器 ……………………………………………………………………（168）
　　5.4.2　移位寄存器 ……………………………………………………………………（169）
5.5　计数器 ………………………………………………………………………………（172）
　　5.5.1　二进制计数器 …………………………………………………………………（172）
　　5.5.2　十进制计数器 …………………………………………………………………（173）
　　5.5.3　集成计数器的应用 ……………………………………………………………（175）
5.6　实训项目：秒信号发生器的制作 …………………………………………………（178）
思考题和习题 5 ……………………………………………………………………………（181）

第 6 章　脉冲波形的产生与整形 …………………………………………………（183）
6.1　常见脉冲产生电路 …………………………………………………………………（183）
　　6.1.1　多谐振荡器 ……………………………………………………………………（184）
　　6.1.2　单稳态触发器 …………………………………………………………………（185）
　　6.1.3　施密特触发器 …………………………………………………………………（187）
6.2　555 时基电路 ………………………………………………………………………（191）
　　6.2.1　555 时基电路 …………………………………………………………………（191）
　　6.2.2　555 时基电路的应用 …………………………………………………………（193）
6.3　实训项目：555 构成的叮咚门铃电路安装与调试 ………………………………（196）
思考题与习题 6 ……………………………………………………………………………（199）

第 7 章　数/模转换和模/数转换 …………………………………………………（200）
7.1　数模转换电路 ………………………………………………………………………（200）
　　7.1.1　D/A 转换电路基本知识 ………………………………………………………（200）
　　7.1.2　集成数/模转换器的应用 ………………………………………………………（202）

7.2 模/数转换电路 ……………………………………………………………………（204）
    7.2.1 A/D 转换电路基本知识 ………………………………………………………（205）
    7.2.2 集成模/数转换器的应用 ………………………………………………………（207）
  思考题与习题 7 ………………………………………………………………………………（209）
第 8 章 半导体存储器 ………………………………………………………………………（210）
  思考题与习题 8 ………………………………………………………………………………（213）
参考文献 ……………………………………………………………………………………………（214）

第1章　晶体二极管及其应用

随着科技的日新月异，现在很多的电子产品都需要一个提供稳定并且符合规定数值的直流电压的电源。如复读机、手机、笔记本电脑等。而在日常生活中，常见的直流电源有电池、直流发电机组等。用干电池作为直流电源，虽然使用方便，但是成本高，只能在小功率的场合应用；蓄电池虽然较为经济，但是体积大、污染重，且维护不便，它们的应用在实际中都受到一定的限制。为了解决这个问题，最经济和可行的措施就是将正负交替的正弦交流电变换成直流电。这样不仅可以作直流电源使用，还可以对可充电式干电池进行充电，重复使用。其中，晶体二极管是将正弦交流电变换成直流电的主要元器件。

1.1　晶体二极管的使用

学习目标：

① 了解半导体的基本知识，掌握二极管的单向导电性。
② 了解二极管的结构、符号，掌握普通二极管和稳压管的伏安特性、主要参数，能在实践中合理使用二极管。
③ 了解特殊二极管的外形、特征、功能和实际应用。
④ 能用万用表判别二极管的极性和质量的优劣。

晶体二极管简称二极管，是电子器件中最普通、最简单的一种，其种类繁多，应用广泛。全面了解、熟悉晶体二极管的结构、电路符号、引脚、伏安特性、主要参数，有助于对电路进行分析。认识各种二极管的外形特征，对它们有个初步的了解，并熟悉各类二极管的电路符号，有利于正确使用各种类型的晶体二极管。

1.1.1　半导体的基本知识

1. 半导体及其特性

半导体器件是 20 世纪中期开始发展起来的，它是目前组成电子电路中的基本元件。自然界中的物质，按其导电性能的不同可分为导体、绝缘体和半导体。而用来制造电子元器件的材料主要是半导体。半导体的导电能力介于导体和绝缘体之间，如硅（Si）、锗（Ge）、砷化镓（GaAs）以及大多数金属氧化物和硫化物等。常用的半导体材料有硅和锗等。

用半导体材料制作电子元器件，不是因为它的导电能力介于导体和绝缘体之间，而是由于其导电能力会随着温度、光照的变化或掺入杂质的多少发生显著的变化，这就是半导体不同于导体的特殊性质。主要体现在以下几个方面。

（1）热敏性

热敏性是指半导体的导电能力随着环境温度的升高而迅速增加。温度每上升 1℃，半导体的电阻率都会下降百分之几到百分之几十，而一般的金属导体的电阻率变化则较小。根据半导体的热敏性，可以制成温度敏感元件，如热敏电阻等。

（2）光敏性

半导体的导电能力随光照的变化有显著改变的特性叫做光敏性。某些半导体材料受到光照时，电阻率下降，导电能力增强，利用半导体的光敏特性，可制成光敏器件，如光敏电阻、光电二极管和光电晶体管等。

（3）杂敏性

在半导体中掺入微量其他元素称做掺杂。所谓杂敏性就是半导体的导电能力因掺入适量杂质而发生很大的变化。在半导体硅中，只要掺入亿分之一的硼，电阻率就会下降到原来的几万分之一。而金属导体即使掺入千分之一的杂质，对其电阻率也几乎没有什么影响。所以利用半导体的这种特性，可以制造出各种不同用途的半导体器件，如晶闸管、二极管和场效应晶体管等。

2．本征半导体

本征半导体是完全纯净的（不含任何杂质）、具有晶体结构的半导体，如常用半导体材料硅（Si）和锗（Ge）。在常温下，其导电能力很弱；在环境温度升高或有光照时，其导电能力随之增强。

3．N 型半导体和 P 型半导体

在本征半导体中，人为地、有选择性地掺入少量其他元素，可以提高半导体的导电能力。掺入杂质的本征半导体叫杂质半导体，而掺入的杂质主要是三价或五价元素。根据掺入杂质性质的不同，分为 N 型半导体和 P 型半导体。

（1）N 型半导体

在本征半导体中掺入微量五价元素（如磷、砷和锑等），就形成 N 型半导体。因为掺入的五价杂质原子中只有 4 个价电子能与邻近的半导体原子中的价电子形成共价键，而多余的价电子在没有共价键的束缚下成为自由电子，此时自由电子的浓度增加。因此，N 型半导体自由电子是多数载流子，空穴是少数载流子。半导体以自由电子导电为主，所以也称 N 型半导体为电子型半导体，其结构示意图如图 1-1 所示。

（2）P 型半导体

在本征半导体中掺入微量三价元素（如硼、镓）时，就形成 P 型半导体。因为掺入的三价杂质原子中只有 3 个价电子能与邻近的半导体原子中的价电子形成共价键，缺少一个价电子在共价键中产生一个空穴，此时空穴的浓度要比电子的浓度大，空穴为多数载流子，电子则为少数载流子。半导体主要以空穴导电为主，所以又称空穴型半导体，其结构示意图如图 1-2 所示。

由以上分析可知，由于杂质的掺入，使得 N 型半导体和 P 型半导体的导电能力较本征半导体有极大的增强。但是，掺入杂质的目的不是单纯为了提高半导体的导电能力，而是想通过控制杂质掺入量的多少，来控制半导体导电能力的强弱。

第 1 章　晶体二极管及其应用

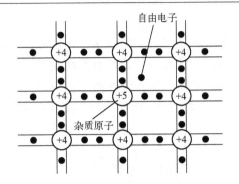
图 1-1　N 型半导体的结构示意图

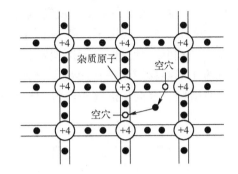
图 1-2　P 型半导体的结构示意图

4．PN 结

1）PN 结的形成

采用特定的工艺把 P 型半导体和 N 型半导体做在同一个基片上，在两种半导体的交界面上，形成一个特殊的薄层，这个薄层就是 PN 结。由于交界面两侧的载流子浓度存在差异，就会使载流子从高浓度区向低浓度区作扩散运动，如图 1-3 所示。P 型半导体中的多数载流子——空穴向 N 型半导体中扩散，并与 N 区中的自由电子复合而消失；N 型半导体中的多数载流子——自由电子向 P 型半导体中扩散，并与 P 区中的空穴复合而消失，致使在交界面的两侧留下了不能移动的正负离子，形成了空间电荷区，也被称为 PN 结，如图 1-4 所示。

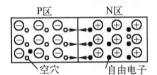
图 1-3　多数载流子的扩散

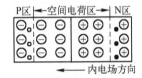
图 1-4　空间电荷区

空间电荷区形成了一个内电场，电场的方向由 N 区指向 P 区，如图 1-4 所示。内电场能阻止多数载流子的扩散运动，即阻止 P 区的空穴向 N 区扩散和 N 区的自由电子向 P 区扩散。同时，内电场将推动少数载流子作漂移运动，即推动 P 区的自由电子流向 N 区和 N 区的空穴流向 P 区运动。

随着扩散运动的进行，空间电荷区逐渐变宽，内电场不断增强，扩散运动逐渐减弱，漂移运动不断加强。最后，扩散运动和漂移运动达到了动态平衡，此时 PN 结的宽度处于稳定状态。

2）PN 结的单向导电性

（1）PN 结外加正向电压（正向偏置）

在 PN 结上加正向电压（即 P 区接电源的正极，N 区接电源的负极）时，外加电场与内电场方向相反，使空间电荷区变窄，内电场削弱，扩散运动大大超过了漂移运动，N 区电子不断扩散到 P 区，P 区空穴不断扩散到 N 区，形成较大的扩散电流，如图 1-5 所示。这时 PN 结处于导通状态，通过的正向电流较大，PN 结呈现的正向电阻很小。

（2）PN 结外加反向电压（反向偏置）

在 PN 结上加反向电压（即 N 区接电源的正极，P 区接电源的负极）时，外加电场与内电场方向相同，使空间电荷区变宽，内电场增强，多数载流子的扩散运动受到阻碍，而少数载流子的漂移运动得到加强，形成了较大的反向电流，如图 1-6 所示。由于少数载流子的数目有限，反向电流弱小，PN 结呈现出高阻性，此时 PN 结处于反向截止状态。

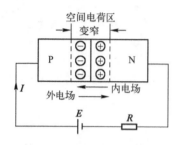

图 1-5　PN 结外加正向电压

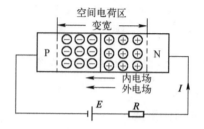

图 1-6　PN 结外加反向电压

1.1.2　晶体二极管的结构、类型及符号

1. 晶体二极管的结构和符号

在一个 PN 结的两端各加一个电极引线，再用管壳封装起来，就构成了半导体二极管，也称晶体二极管，简称二极管。由 P 区引出的电极叫做正极（或阳极），由 N 区引出的电极叫做负极（或阴极），如图 1-7（a）所示为二极管的图形符号。

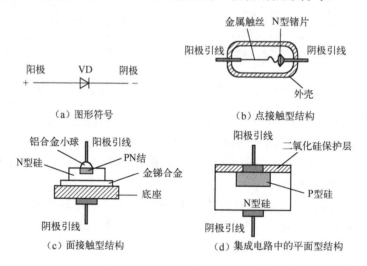

图 1-7　半导体二极管的结构及符号

二极管按其材料不同，分为硅管和锗管；按其用途不同，可分为普通管、稳压管、整流管等；按其结构不同，又可分为点接触型和面接触型两类。点接触型二极管的 PN 结结面积小、结电容小，不能承受高的反向电压和大电流，但由于高频性能好，因而适用于检波和高频电路或脉冲数字电路中的开关元件，以及作为小电流的整流管。其结构如

图 1-7（b）所示。

面接触型的二极管如图 1-7（c）所示，PN 结结面积大、结电容大，可以承受较大的正向电流，但它的工作频率较低，所以只适用于工频大电流整流电路。图 1-7（d）所示为硅工艺平面型二极管的结构图，用于集成电路制作工艺中，其 PN 结结面积可大可小，一般用于大功率整流和开关电路中。

2．晶体二极管的类型

晶体二极管的种类和型号很多，我们用不同的符号来代表它们。例如 2AP9，其中，"2" 表示二极管，"A" 表示采用 N 型锗材料为基片，"P" 表示普通用途管（P 为汉语拼音字头），"9" 为产品性能序号；又如 2CZ8，其中，"C" 表示由 N 型硅材料作为基片，"Z" 表示整流管。国产二极管的型号命名方法见表 1-1。

表 1-1 国产二极管的型号命名方法

第 一 部 分		第 二 部 分		第 三 部 分				第四部分	第五部分
用数字表示器件的电极数目		用拼音字母表示器件材料和极性		用拼音字母表示器件类别				用数字表示器件序号	用汉语拼音表示规格号
符 号	意 义	符 号	意 义	符 号	意 义	符 号	意 义		
2	二极管	A	N 型锗材料	P	普通管	C	参量管		
		B	P 型锗材料	Z	整流管	U	光电器件		
		C	N 型硅材料	W	稳压管	N	阻尼管		
		D	P 型硅材料	K	开关管	B	雪崩管		
				L	整流堆	T	晶闸管		

1.1.3 晶体二极管的特性

由于晶体二极管的管芯是由一个 PN 结构成的，所以具有了 PN 结的单向导电性。晶体二极管两端在外加电压的作用下，管中的电流随之变化的曲线称为二极管的伏安特性曲线，如图 1-8 所示，它可分为正向特性和反向特性两部分。

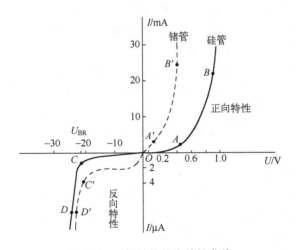

图 1-8 二极管的伏安特性曲线

1. 正向特性

当二极管处于正向特性区域（二极管两端所加的电压 $U>0$），二极管的正向特性曲线分为正向死区和正向导通区。

（1）正向死区

如图 1-8 中 OA（OA'）段称为死区。当二极管两端所加的正向电压 u 较小时，正向电流很小，趋近于零，此时二极管截止，呈高阻态。当正向电压超过某一数值后，二极管中有了明显的正向电流，二极管导通，该电压值称为死区电压。通常，硅管的死区电压为 0.5V 左右，锗管的死区电压为 0.1~0.2V。

（2）正向导通区

当外加的正向电压大于死区电压时，正向电流随着正向电压升高而迅速变大，二极管呈现很小的电阻，此时二极管处于正向导通状态，如图 1-8 中 AB（$A'B'$）段为导通区。二极管导通后，两端电压降基本保持不变，该压降值称为正向压降（或管压降），常温下硅管正向压降为 0.6~0.7V，锗管正向压降为 0.2~0.3V。

2. 反向特性

当二极管处于反向特性区域（二极管两端所加的电压 $U<0$），二极管的反向特性曲线分为反向截止区和反向击穿区。

（1）反向截止区

如图 1-8 中 OC（OC'）段为反向截止区。当二极管两端加反向电压时，反向电流很小，而且在一定范围内基本恒定，所以称此电流为反向饱和电流。而二极管处于反向截止状态，故称此区域为反向截止区。

（2）反向击穿区

当反向电压大到一定数值（U_{BR}）时，反向电流会急剧增大，如图 1-8 中 CD（$C'D'$）段，此时二极管将失去单向导电性，这种现象称为反向击穿，产生的击穿电压 U_{BR} 叫反向击穿电压。一般情况下，二极管是不允许出现这种现象的（稳压二极管除外），因为击穿后电流过大，会造成对二极管的永久性损坏。

从二极管伏安特性曲线可以看出，二极管的电压与电流变化不呈线性关系，其内阻不是常数，所以二极管属于非线性器件。

有时为了讨论方便，在一定条件下，可以把二极管的伏安特性理想化，即认为二极管的死区电压和导通电压都等于零，这样的二极管称为理想二极管。

3. 晶体二极管的主要参数

晶体二极管的特性除了用伏安特性曲线来表示外，还可用它的参数来描述。各种参数都可从半导体器件手册中查出，下面只介绍晶体二极管几个常用的参数。

（1）最大整流电流 I_F

最大整流电流是指晶体二极管长时间工作时，允许流过晶体二极管的最大正向平均电流。使用时当电流超过这个允许值时，晶体二极管会因过热而烧坏。

（2）最大反向工作电压 U_{RM}（反向工作峰值电压）

U_{RM} 指晶体二极管正常工作时允许外加的最高反向电压。选用晶体二极管时，管子的反向工作电压绝对不能超过此值，以免晶体二极管因反向击穿而损坏。晶体二极管最高反向电压一般取反向击穿电压的一半。

（3）反向峰值电流 I_{RM}

它是指晶体二极管在承受最大反向工作电压时的反向电流值。反向电流值越小，说明单向导电性能越好，而且反向电流值很容易受温度的影响，温度升高时，电流值会迅速增大。

1.1.4 特殊晶体二极管

1. 稳压管

稳压管是一种特殊的面接触型的硅二极管。它的伏安特性曲线和符号如图 1-9 所示。稳压管正常工作于反向击穿区，当反向电流在较大的范围内变化时，稳压管两端的电压变化微小，所以能起到稳压的作用。当然，反向电流不能过大，如果超过其最大稳定电流，管子很容易被热击穿损坏，故在使用中，一般选用合适的限流电阻与稳压管串联。

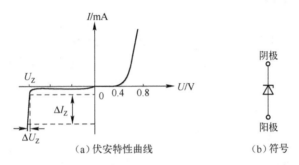

图 1-9 稳压管伏安特性曲线及符号

稳压管的主要参数有以下几个。

（1）稳定电压 U_Z

稳定电压是指稳压管正常工作在反向击穿时的电压稳定值。由于制造工艺和其他方面的原因，它的稳压值具有一定的分散性，即便是同一型号稳压管的稳压值也可能略有不同。

（2）稳定电流 I_Z

稳定电流是指稳压管正常稳压时的参考电流。一般将稳压管的工作电流控制在 $I_{Zmin} \sim I_{Zmax}$ 范围内，若工作电流小于 I_{Zmin}，稳压管不能起到稳压的作用；若工作电流大于 I_{Zmax}，则稳压管会因为过热击穿而损坏。

（3）动态电阻 r_Z

动态电阻是指稳压管在稳压范围内，其两端电压的变化量与相应电流变化量的比值，即

$$r_Z = \frac{\Delta U_Z}{\Delta I_Z} \tag{1-1}$$

稳压管的反向伏安特性曲线越陡，则动态电阻越小，稳压性能越好。

（4）最大允许耗散功率 P_{ZM}

最大允许耗散功率是指管子不致发生热击穿的最大功率损耗，即

$$P_{ZM} = U_Z I_{Zmax} \tag{1-2}$$

稳压管在电路中的主要作用是稳压和限幅，也可和其他电路配合构成欠压或过压保护、报警环节等。

2．光电二极管

光电二极管又称光敏二极管，它是将光能转换为电能的半导体器件。光电二极管在反向偏置下并有光线照射时，光电二极管导通；没有光线照射时，光电二极管不导通。其电路符号及实物外形如图1-10所示。

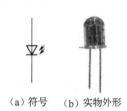

图 1-10　光电二极管

判别光电二极管的好坏可用万用表的 R×1k 挡，要求无光照时电阻要大，有光照时电阻要小；若有光照和无光照时电阻差别很小，则表明光电二极管质量不好。

3．发光二极管

发光二极管简称为 LED，其工作原理与光电二极管相反。由于它采用砷化镓、磷化镓等半导体材料制成，所以在通过正向电流时，由于电子与空穴的直接复合而释放出光来。LED 发光的颜色与材料有关。图 1-11（a）和图 1-11（b）所示为发光二极管的实物外形和符号。

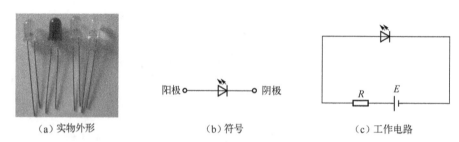

图 1-11　发光二极管的符号及其工作电路

当发光二极管正向偏置时，其发光强度随正向电流的增大而增大。为限制其工作电流，通常都要在电路中串接限流电阻 R，如图 1-11（c）所示。发光二极管具有体积小、功耗低、寿命长、外形美观、适应性能强等特点，广泛用于仪器、仪表、电器设备中做电源信号指示，音响设备调谐和电平指示，广告显示屏的文字、图形、符号显示等。

典型例题分析

【例题 1-1】 图 1-12 所示电路中，设晶体二极管正向导通压降为 0.7V，试判电路中晶体二极管是导通还是截止，并确定各电路的输出电压 U_O。

【解题思路】 判断晶体二极管在电路中的状态，通常采用的方法是：先假设二极管断开，然后分析二极管正极与负极之间承受的电压。如果该电压为正向电压且大于导通电压，则可判断该二极管处于正向偏置而导通，两端的实际电压为二极管的导通压降 0.7V；如果二极管两端所加的是反向电压或正向电压低于 0.5V，则可判断该二极管处于

截止状态,在电路中等效于开路的元件。

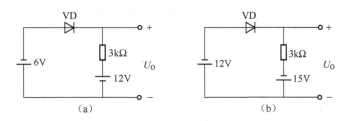

图 1-12 例题 1-1 图

【解题结果】 (a)二极管 VD 反偏截止,$U_O = 12V$。
(b)二极管 VD 正偏导通,$U_O = -0.7V - 12V = -12.7V$。

【例题 1-2】 稳压管与普通二极管比较,特性上的主要差异是什么?

【解题思路】 普通二极管是利用单向导电性来实现开关作用,而稳压管主要起稳压作用,功能不同决定其特性不同。因此,本例题应从功能要求为基点来分析其特性差异。

【解题结果】 稳压管的外形和正向特性与普通二极管相似,只是反向击穿特性不同。

(1)反向击穿后,稳压管的特性曲线比一般二极管陡直,反向电流急剧变化,但反向管压降基本保持不变,稳压管正是利用反向击穿时的这种特性进行稳压的。由于它的稳压性能良好,所以把它经电阻接到整流电路的输出端,能克服电网电压的波动和负载变化的影响,起稳定电压的作用。

(2)在反向击穿情况下,普通二极管会损坏,而稳压管却应工作在反向击穿区域,由于稳压管是特殊工艺制造的硅二极管,只要反向电流不超过极限电流,管子工作在击穿区并不会损坏,属可逆击穿。

1.1.5 实训项目:使用万用表测量二极管

1．技能目标
① 能正确使用万用表判别二极管极性。
② 能正确使用万用表判别二极管的质量优劣。

2．工具、元件和仪器
① MF-47 型万用表。
② 各类晶体二极管。

3．相关知识
(1)使用万用表判别二极管极性

有的二极管从外壳的形状上可以区分电极;有的二极管的极性用二极管符号印在外壳上,箭头指向的一端为负极;还有的二极管用色环或色点来标识(靠近色环的一端是负极,有色点的一端是正极)。若标识脱落,可用万用表测其正反向电阻值来确定二极管的极性。测量时把万用表置于 R×100 挡或 R×1k 挡,不可用 R×1 挡或 R×10k 挡,前者电流太大,后者电压太高,有可能对二极管造成不利的影响。用万用表的黑表笔和红表笔分别与二极管两极相连。若测得电阻较小,与黑表笔相接的极为二极管正极,与红表笔相接的极为二极管负极;若测得电阻很大,与红表笔相接的极为二极管正极,与黑表笔相接的极为二极管负极。测量方法如图 1-13 所示。

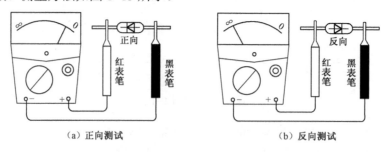

图 1-13　使用万用表判别二极管极性方法

(2) 判别二极管的优劣

二极管正、反向电阻的测量值相差越大越好,一般二极管的正向电阻测量值为几百欧,反向电阻为几十千欧到几百千欧。如果测得正、反向电阻均为无穷大,说明内部断路;若测量值均为零,则说明内部短路;若测得正、反向电阻几乎一样大,这样的二极管已经失去单向导电性,没有使用价值了。

一般来说,硅二极管的正向电阻为几百到几千欧,锗管小于 1kΩ,因此,如果正向电阻较小,基本上可以认为是锗管。若要更准确地知道二极管的材料,可将管子接入正偏电路中测其导通压降,若压降为 0.6~0.7V,则是硅管;若压降为 0.2~0.3V,则是锗管。当然,利用数字万用表的二极管挡,也可以很方便地知道二极管的材料。

4．实训步骤

① 按二极管的编号顺序逐个从外表标识判断各二极管的正负极,将结果填入表 1-2 中。

② 再用万用表逐次检测二极管的极性,并将检测结果填入表 1-2 中。

表 1-2　二极管检测记录表

编号	外观标志	类型		从外观判断二极管引脚		用万用表检测		质量判别
		材料	特征	有标识一端	无标识一端	正向电阻	反向电阻	
1								
2								
3								
4								
5								
6								
7								
8								
9								
10								

5. 实训项目考核评价

完成实训项目，填写表 1-3 所列考核评价表。

表 1-3 考核评价表

评价指标	评价要点	评价结果				
		优	良	中	合格	差
理论知识	二极管知识掌握情况					
技能水平	1. 二极管外观识别					
	2. 万用表使用情况，测量二极管的正反向电阻					
	3. 正确鉴定二极管质量好坏					
安全操作	万用表是否损坏，丢失或损坏二极管					
总评	评别	优	良	中	合格	差	总评得分
		100～88	87～75	74～65	64～55	≤54	

1.2 整流电路

学习目标：

① 熟悉单相整流电路的组成，了解整流电路的工作原理。
② 掌握单相整流电路的输出电压和电流的计算方法，并能通过示波器观察整流电路输出电压的波形。
③ 能从实际电路中识读整流电路，通过估算，能合理选用整流元器件。
④ 能搭接由整流电路组成的应用电路，会使用整流桥。

整流电路是利用二极管的单向导电性，把正弦交流电转换为直流电的电路。大多数整流电路由变压器、整流主电路和滤波器等组成。它在直流电动机的调速、发电机的励磁调节、电解、电镀等领域得到广泛应用。在小功率的直流电源中，整流电路的主要形式有单相半波、单相全波和单相桥式整流电路。其中，单相桥式整流电路最为普遍。掌握整流电路的基本知识是正确使用整流电路的基础。

1.2.1 单相半波整流电路

1. 工作原理

单相半波整流电路是电源电路中一种最简单的整流电路，它的电路结构最为简单，只用一只整流二极管。由于这一整流电路的输出电压只是利用了交流输入电压的半周，因此被称为半波整流电路，电路如图 1-14 所示。

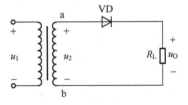

图 1-14 单相半波整流电路

整流变压器将电压 u_1 变为整流电路所需的电压 u_2。设变压器的二次电压为 $u_2 = \sqrt{2}U_2\sin\omega t$，将二极管看做是理想元件，其工作原理如下：

当交流电压 u_2 在正半周时，$u_2>0$，a 端电位比 b 端电位高，二极管 VD 因加正向电压而导通，电流 I_L 的路径是 a→VD→R_L→b→a。当二极管看做是理想元件时，忽略二极管的正向压降，此时 $u_O = u_2$。

当交流电压 u_2 在负半周时，$u_2<0$，a 端电位比 b 端电位低，二极管 VD 承受反向电压而截止，负载 R_L 上无电流流过，电压基本为零，即 $u_O = 0$。

由此可见，在交流电一个周期内，二极管半个周期导通、半个周期截止，以后周期性地重复上述过程，负载 R_L 上电压和电流波形如图 1-15 所示。输出电压 u_O 中包含直流成分与交流成分，与输入的交流电比较有了本质的改变，即变成了大小随时间改变但方向不变的脉动直流电。

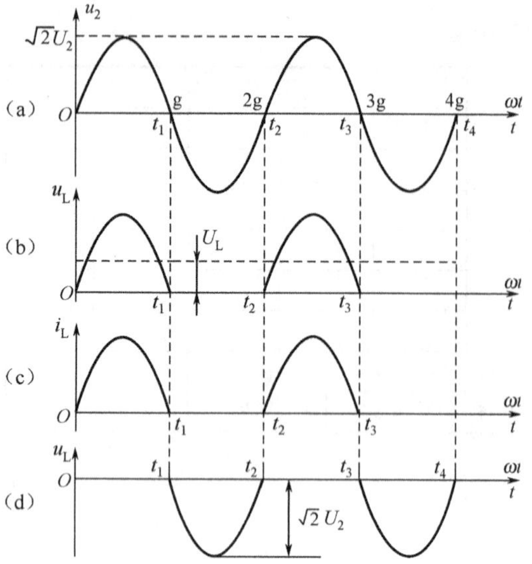

图 1-15 单相半波整流电路波形图

2. 负载 R_L 上的直流电压和电流的计算

在单相半波整流电路中，输出电压常用一个周期（$T = \dfrac{2\pi}{\omega}$）的平均值 U_O 表示，其值为

$$U_O = \frac{1}{2\pi}\int_0^\pi \sqrt{2}U_2 \sin\omega t \, d(\omega t) = \frac{\sqrt{2}}{\pi}U_2 \approx 0.45U_2 \quad (1\text{-}3)$$

因此，整流的输出电流（也是流过负载 R_L 的电流 I_O）的平均值为

$$I_O = \frac{U_O}{R_L} = 0.45\frac{U_2}{R_L} \quad (1\text{-}4)$$

3. 整流二极管上的电流和最大反向电压

二极管导通后，流过二极管的平均电流 I_D 与 R_L 上流过的平均电流相等，即

$$I_D = I_O = \frac{U_O}{R_L} = 0.45\frac{U_2}{R_L} \quad (1\text{-}5)$$

由于二极管在 u_2 负半周时截止，所承受的最大反向电压 U_{VDRM} 就是 u_2 的峰值，即

$$U_{VDRM} = \sqrt{2}U_2 \approx 1.41U_2 \quad (1\text{-}6)$$

整流二极管所承受的电压波形如图 1-15（d）所示。

半波整流电路的结构简单，但是电源的利用率不高，输出只有半波，而且输出的电压脉动大。因此，单相半波整流电路适用于小电流、对输出电压波形和整流效率要求不高的场合。在半波整流电路中，为了满足工作的可靠性要求，要合理地选用整流二极管，应使二极管的最大整流电流 $I_F > I_D$，二极管的最高反向工作电压 $U_{RM} = (1.5 \sim 2)U_{VDRM}$。

典型例题分析

【例题 1-3】 单相半波整流电路如图 1-14 所示,已知负载电阻 $R_L = 450\Omega$,变压器的二次电压 $U_2 = 40\text{V}$,试求 U_O,I_O 及 U_{VDRM},并选择适合的二极管。

解:根据题意可得:

$$U_O = 0.45 U_2 = 0.45 \times 40 = 18\text{V}$$

$$I_D = I_O = \frac{U_O}{R_L} = \frac{18}{450} = 0.04\text{A} = 40\text{mA}$$

$$U_{VDRM} = \sqrt{2} U_2 = \sqrt{2} \times 40 \approx 56.6\text{V}$$

查晶体管手册,二极管选用 2CP12。

【例题 1-4】 某一直流负载电阻值为 1.5 kΩ,要求工作电流为 10 mA,如果采用半波整流电路,试求整流变压器二次电压值,并选择适当的整流二极管。

解:因为 $U_O = I_O R_L = 1.5 \times 10^3 \times 10 \times 10^{-3} = 15\text{V}$

所以 $U_2 = \frac{1}{0.45} U_O = 2.22 \times 15 \approx 33\text{V}$

流过二极管的平均电流为 $I_D = I_O = 10\text{mA}$

二极管承受的最大反向电压为 $U_{VDRM} = \sqrt{2} U_2 \approx 1.414 \times 33 = 47\text{V}$

根据以上参数,查晶体管手册,可选用一只额定整流电流为 100mA,最高反向工作电压为 50V 的 2CZ82B 型整流二极管。

1.2.2 单相桥式整流电路

单相桥式整流电路由 4 只二极管接成电桥形式,所以称为桥式整流电路,电路图如图 1-16(a)所示。图 1-16(b)为桥式整流电路的简化形式。

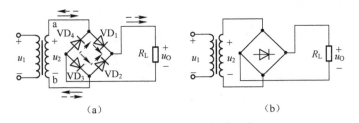

图 1-16 单相桥式整流电路

1. 工作原理

当交流电压 u_2 为正半周时($u_2 > 0$),a 端电位比 b 端电位高,二极管 VD₁ 和 VD₃ 承受正向电压而导通,VD₂ 和 VD₄ 承受反向电压而截止,如图 1-17(a)所示。此时电流的路径为:a→VD₁→R_L→VD₃→b,负载 R_L 上得到一个半波电压,如图 1-18 中电压 u_O 的(0~π)段。

当交流电压 u_2 为负半周($u_2 < 0$)时,b 端电位比 a 端电位高,二极管 VD₂ 和 VD₄ 承

受正向电压而导通,VD$_1$和VD$_3$承受反向电压而截止,如图1-17(b)所示。此时电流的路径为:b→VD$_2$→R_L→VD$_4$→a,负载R_L上得到一个半波电压,如图1-18中电压u_O的($\pi \sim 2\pi$)段。

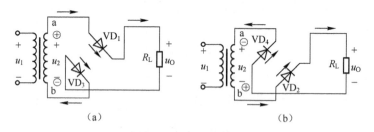

图1-17 单相桥式整流电路的电流通路

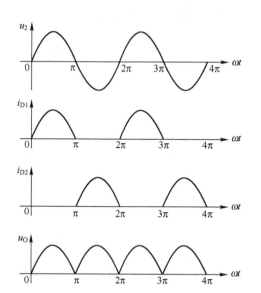

图1-18 单相桥式整流电路波形图

由此可见,在交流输入电压的正负半周,都有同一方向的电流流过R_L,四只二极管VD$_1$、VD$_3$和VD$_2$、VD$_4$轮流在正负半周内导通,$I_O = I_{O1} + I_{O2}$,在负载上得到全波脉动的直流电压和直流电流。所以,这种整流电路属于全波整流类型,也称为单相桥式全波整流电路。

2. 负载R_L上直流电压和电流的计算

在单相桥式整流电路中,交流电在一个周期内的两个半波都有同一个方向的电流流过负载,因此在同样的交流电压u_2下,该电路输出的电流和电压均是半波整流的2倍。输出电压为

$$U_O = 0.9U_2 \tag{1-7}$$

整流后输出电流的平均值也是半波整流电路的电流平均值的2倍,即

$$I_O = \frac{U_O}{R_L} = 0.9\frac{U_2}{R_L} \tag{1-8}$$

依据负载R_L上的电压U_O来求得整流变压器二次电压:

$$U_2 = \frac{U_O}{0.9} \approx 1.11U_O \tag{1-9}$$

因此,整流变压器的二次电流为

$$I_2 = \frac{U_2}{R_L} = 1.11\frac{U_O}{R_L} = 1.11I_O \tag{1-10}$$

3. 整流二极管上的电流和最大反向电压

在桥式整流电路中,由于每只二极管只有半周是导通的,所以流过每只二极管的平

均电流只有负载电流的一半，即

$$I_D = \frac{1}{2} I_O \tag{1-11}$$

要注意的是，在单相桥式整流电路中，每只二极管承受的最大反向电压 U_{VDRM} 是变压器二次电压 u_2 的峰值，即

$$U_{VDRM} = \sqrt{2} U_2 \approx 1.41 U_2 \tag{1-12}$$

典型例题分析

【例题 1-5】 试设计一台输出电压为 24V，输出电流为 1A 的直流电源，电路形式可以采用单相半波整流和桥式整流，试确定两种电路的变压器二次电压有效值，并选择合适的整流二极管。

解：（1）当采用半波整流电路时，

$$U_2 = \frac{U_O}{0.45} = \frac{24}{0.45} \approx 53.3V$$

整流二极管承受的最高反向工作电压为

$$U_{VDRM} = \sqrt{2} U_2 = 1.41 \times 53.3 \approx 75.2V$$

流过整流二极管的平均电流为

$$I_D = I_O = 1A$$

根据以上分析计算数据，查晶体管手册，可选用 2CZ12B 整流二极管，其最大整流电流为 3A，最高反向工作电压为 200V。

（2）当采用桥式整流电路时，

$$U_2 = \frac{U_O}{0.9} = \frac{24}{0.9} \approx 26.7V$$

整流二极管承受的最高反向工作电压为

$$U_{VDRM} = \sqrt{2} U_2 = 1.41 \times 26.7 \approx 37.6V$$

流过整流二极管的平均电流为

$$I_D = \frac{1}{2} I_O = 0.5A$$

根据以上分析计算数据，查晶体管手册，可选用四只 2CZ11A 整流二极管，其最大整流电流为 1A，最高反向工作电压为 100V。

【例题 1-6】 桥式整流电路如图 1-16 所示，当电路分别出现以下故障时，分析故障对电路正常工作的不良影响。

（1）二极管 VD_1 极性接反。

（2）二极管 VD_2 开路或脱焊。

（3）二极管 VD_2 被击穿短路。

（4）负载 R_L 短路。

【解题思路】 本题涉及整流电路的电流通路分析问题，如所接的电路形成的回路电流不经过负载 R_L，就会造成电流过大而损坏器件；如所接的电路不能形成通路就会使输出的整流电压不正常。

【解题结果】 （1）VD_1 管极性接反，u_2 负半周时，二极管 VD_2 与 VD_1 导通将变压器二次线圈短路，变压器会被烧毁。

（2）VD_2 管开路或脱焊，电路变为半波整流电路，输出的整流电压的波动增加，输出电压下降一半，$U_L \approx 0.45 U_2$。

（3）VD_2 管击穿或短路，u_2 正半周时，VD_1 管与 VD_2 管导通将变压器二次线圈短路使之烧毁。

（4）负载 R_L 短路，电路的输出电流 I_L 很大，将造成变压器二次线圈或整流二极管的烧毁。

1.2.3 实训项目：单相桥式整流电路的安装与调试

1．技能目标

① 掌握基本的手工焊接技术。

② 能在万能印制电路板上进行合理布局、布线。

③ 能正确安装整流电路，并对其进行调试与测量。

2．工具、元件和仪器

① 电烙铁等常用电子装配工具。

② 变压器、整流二极管。

③ 万用表。

3．相关知识

1）手工焊接技术

（1）焊接操作的正确姿势

掌握正确的操作姿势，可以保证操作者的身心健康，焊接时桌椅高度要适宜，挺胸、端坐，为减少有害气体的吸入量，一般情况下，烙铁到鼻子的距离应在 30cm 左右为宜。电烙铁的握法有三种，如图 1-19 所示。图 1-19（a）为反握法，其特点是动作稳定，长时间操作不易疲劳，适用于大功率烙铁的操作；图 1-19（b）为正握法，它适用于中功率烙铁操作；一般在印制电路板上焊接元器件时多采用的握笔法如图 1-19（c）所示。握笔法的特点是：焊接角度变更比较灵活机动，焊接不易疲劳。

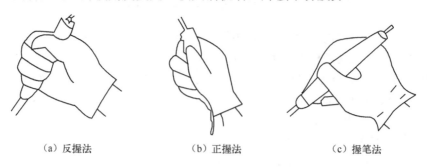

（a）反握法　　（b）正握法　　（c）握笔法

图 1-19　电烙铁的握法示意图

第 1 章 晶体二极管及其应用

焊锡丝一般有两种拿法，如图 1-20 所示。正拿法如图 1-20（a）所示，它适宜连续焊接；图 1-20（b）所示为握笔法，它适用于间断焊接。

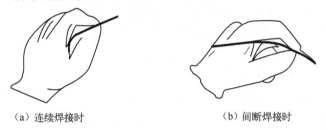

(a) 连续焊接时　　　(b) 间断焊接时

图 1-20　焊锡丝的拿法示意图

电烙铁使用完毕，一定要稳妥地放在烙铁架上，并注意电缆线不要碰到烙铁头，以避免烫伤电缆线，造成漏电、触电等事故。

（2）焊接操作的基本步骤

掌握好烙铁的温度和焊接时间，选择恰当的烙铁头和焊点的接触位置，才可能得到良好的焊点。正确的焊接操作过程可以分为如下五个步骤，如图 1-21 所示。

① 准备施焊，如图 1-21（a）所示。左手拿焊锡丝，右手握烙铁，进入备焊状态。要求烙铁头保持干净，无焊渣等氧化物，并在表面镀有一层焊锡。

② 加热焊件，如图 1-21（b）所示。烙铁头靠在焊件与焊盘之间的连接处，进行加热，时间为 2s 左右。对于在印制电路板上焊接元器件，要注意烙铁头同时接触焊盘和元件的引脚，元件引脚要与焊盘同时均匀受热。

③ 送入焊锡丝，如图 1-21（c）所示。当焊件的焊接点被加热到一定温度时，焊锡丝从烙铁对面接触焊件。尽量与烙铁头正面接触，以便使焊锡熔化。

④ 移开焊锡丝。如图 1-21（d）所示。当焊锡丝熔化一定量后立即向左上 45°方向移开焊锡丝。

⑤ 移开烙铁。如图 1-21（e）所示。当焊锡浸润焊盘和焊件的施焊部位以形成焊件周围的合金层后，向右上 45°方向移开烙铁。从第 3 步开始到第 5 步结束，时间约为 2s。

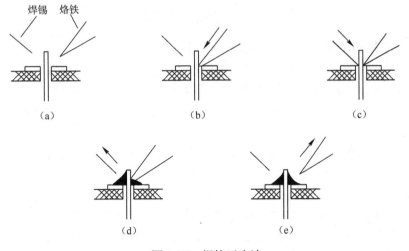

图 1-21　焊接五步法

对于热容量小的焊件，可以简化为三步操作。

① 准备：左手拿锡丝，右手握烙铁，进入备焊状态。

② 加热与送锡丝：烙铁头放置焊件处，立即送入焊锡丝。

③ 去丝移烙铁：焊锡在焊接面上扩散并形成合金层后同时移开电烙铁。

注意：移去锡丝的时间不得滞后于移开烙铁的时间。

对于吸收低热量的焊件而言，上述整个过程不过 2~4s，各步骤时间的节奏控制、顺序的准确掌握、动作的熟练协调，都是要通过大量实践并用心体会才能解决的问题。有人总结出了在五步操作法中用数秒的办法控制时间：烙铁接触焊点后数一、二（约 2s），送入焊丝后数三、四，移开烙铁，焊丝熔化量要靠观察决定。此办法可以参考，但由于烙铁功率、焊点热容量的差别等因素，实际掌握焊接火候并无定章可循，必须视具体条件具体对待。

2）万能印制电路板介绍

万能印制电路板是专为电子电路的无焊接实验设计制造的，如图 1-22 所示。由于各种电子元器件可根据需要随意插入或拔出，免去了焊接，节省了电路的组装时间，而且元件可以重复使用，所以非常适合电子电路的组装、调试和训练。

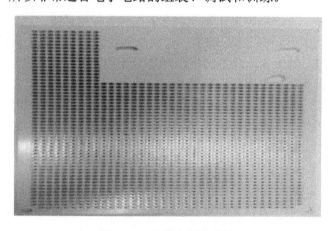

图 1-22 万能印制电路板

万能印制电路板的使用方法及注意事项如下：

① 安装分立元件时，应便于看到其极性和标志，将元件引脚理直后，在需要的地方折弯。为了防止裸露的引线短路，必须使用带套管的导线，一般不剪断元件引脚，以便于重复使用。一般不要插入引脚直径大于 0.8mm 的元器件，以免破坏插座内部接触片的弹性。

② 对多次使用过的集成电路的引脚，必须修理整齐，引脚不能弯曲，所有的引脚应稍向外偏，这样能使引角与插孔可靠接触。要根据电路图确定元器件在万能印制电路板上的排列方式，目的是走线方便。为了能够正确布线并便于查线，所有集成电路的插入方向要保持一致，不能为了临时走线方便或缩短导线长度而把集成电路倒插。

③ 根据信号流程的顺序，采用边安装边调试的方法。元器件安装之后，先连接电源线和地线。为了查线方便，连线尽量采用不同颜色。例如：正电源一般采用红色绝缘皮导

线，负电源用蓝色，地线用黑线，信号线用黄色，也可根据条件选用其他颜色。

④ 万能印制电路板宜使用直径为 0.6mm 左右的单股导线。根据导线的距离以及插孔的长度剪断导线，要求线头剪成 45°斜口，线头剥离长度约为 6mm，要求全部插入底板以保证接触良好。裸线不宜露在外面，防止与其他导线断路。

⑤ 连线要求紧贴在万能印制电路板上，以免碰撞弹出万能印制电路板，造成接触不良。必须使连线在集成电路周围通过，不允许跨接在集成电路上，也不得使导线互相重叠在一起，尽量做到横平竖直，这样有利于查线、更换元器件及连线。

⑥ 在布线过程中，要求把各元器件在万能印制电路板上的相应位置以及所用的引脚号标在电路图上，以保证调试和查找故障的顺利进行。

⑦ 所有的地线必须连接在一起，形成一个公共参考点。

4．技能训练

（1）电路原理图

电路原理图如图 1-23 所示。

（2）装配要求和方法

工艺流程：准备→熟悉工艺要求→绘制装配草图→核对元件数量、规格、型号→检测元件→元器件预加工→万能印制电路板装配、焊接→总装加工→自检。

① 准备：将工作台整理有序，工具摆放合理，准备好必要的物品。

② 熟悉工艺要求：认真阅读电路原理图和工艺要求。

③ 绘制装配草图：绘制装配草图的要求和方法如图 1-24 所示。

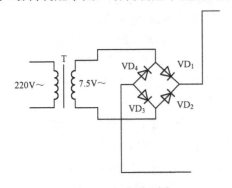

图 1-23 电路原理图

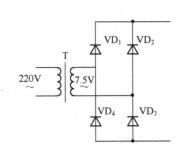

图 1-24 整流电路装配草图绘制实例

- 设计准备：熟悉电路原理、所用元器件的外形尺寸及封装形式。
- 按万能印制电路板实样以 1:1 比例在图纸上确定安装孔的位置。
- 装配草图以导线面（焊接面）为视图方向；元器件水平或垂直放置，不可斜放；布局时应考虑元器件外形尺寸，避免安装时相互影响，疏密均匀；同时注意电路走向应基本和电路原理图一致，一般由输入端开始向输出端逐步确定元件位置，相关电路部分的元器件应就近安放，按一字排列，避免输入、输出之间的影响；每个安装孔只能插一个元器件引脚。
- 按电路原理图的连接关系布线，布线应做到横平竖直，导线不能交叉（确需交叉的导线可在元件下穿过）。

● 检查绘制好的装配草图上的元器件数量、极性和连接关系应与电路原理图完全一致。

④ 清点元件：按表 1-4 配套明细表核对元件的数量和规格，应符合工艺要求，如有短缺、差错应及时补缺和更换。

表 1-4　配套明细表

代　号	名　称	规　格	代　号	名　称	规　格
VD_1	二极管	IN4007	VD_4	二极管	IN4007
VD_2	二极管	IN4007	万能印制电路板、焊锡丝		
VD_3	二极管	IN4007	电源线、紧固螺丝		
T	变压器	AC 220V/7.5V×2	绝缘胶布		

⑤ 元件检测：用万用表的电阻挡对元器件进行逐一检测，对不符合质量要求的元器件剔除并更换。

⑥ 元件预加工。

⑦ 万能印制电路板装配工艺要求。

● 二极管均采用水平安装方式，紧贴板面。

● 所有焊点均采用直脚焊，焊接完成后剪去多余引脚，留头在焊面以上 0.5～1mm，且不能损伤焊接面。

● 万能接线板布线应正确、平直、转角处成直角、焊接可靠，无漏焊、短路现象。

⑧ 总装加工：电源变压器用螺钉紧固在万能印制电路板的元件面，一次绕组的引出线向外，二次绕组的引出线向内，万能印制电路板的另外两个角上也固定两个螺钉，紧固件的螺母均安装在焊接面。电源线从万能印制电路板焊接面穿过打结孔后，在元件面打结，再与变压器一次侧绕组引出线焊接并完成绝缘恢复，变压器二次侧绕组引出线插入安装孔后焊接。

⑨ 自检：对已完成的装配、焊接的工件仔细检查质量，重点是装配的准确性，包括元件位置、电源变压器的绕组等；焊点质量应无虚焊、假焊、漏焊、搭焊及空隙、毛刺等；检查有无影响安全性能指标的缺陷；元件整形。结果如图 1-25 所示。

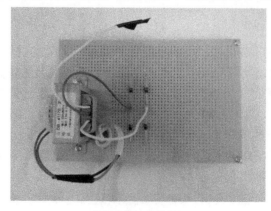

图 1-25　实物图

第 1 章　晶体二极管及其应用

（3）调试、测量

将电路通电，使用万用表电压挡（交、直流）测量整流电路的输入、输出电压，并将测量结果记录在表 1-5 中。

表 1-5　测量表

电路形式	输入（交流）	输出（直流）
桥式整流		

（4）实训项目考核评价

完成实训项目，填写表 1-6 所列考核评价表。

表 1-6　单相桥式整流电路的安装与调试考核评价表

评价指标	评价要点	评价结果				
		优	良	中	合格	差
理论知识	1. 整流电路知识掌握情况					
	2. 装配草图绘制情况					
技能水平	1. 元件识别与清点					
	2. 手工焊接方法掌握情况					
	2. 课题工艺情况					
	3. 课题调试测量情况					
安全操作	能否按照安全操作规程操作，有无发生安全事故，有无损坏仪表					
总评	评别	优	良	中	合格	差	总评得分
		100～88	87～75	74～65	64～55	≤54	

1.3　滤波电路

学习目标：

① 了解滤波电路的作用及工作原理。
② 掌握单相整流电容滤波电路的工作原理，了解整流滤波电路元器件的选择原则。
③ 能识读滤波电路图，会运用示波器观察滤波电路的输出电压波形，会估算电容滤波电路的输出电压。

电源电路中，220V 交流电压输入到电源变压器后经整流电路，得到的是脉动性直流电压，这一电压还不能直接加到电子电路中，因为其中有大量的交流成分，必须通过滤波电路的滤波，才能加到电子电路中。滤波电路直接接在整流电路后面，它通常由电容器、电感器和电阻器按照一定的方式组合而成。本节重点是分析各种滤波电路的工作情况。

正弦交流电压经过整流电路之后，变成了单向脉动的直流电压，此电压不仅含有直流成分，还有较大的交流成分。为了得到较为平滑的直流电，就在整流电路后面加上滤波电路，这样就可以保留脉动电压的直流成分，尽可能滤除它的交流成分。滤波电路通常由电容器、电感器和电阻器按照一定的方式组合而成。常用的滤波电路结构如图 1-26 所示。

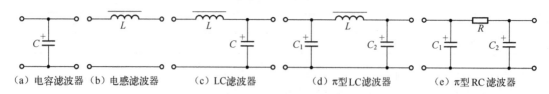

图 1-26 常用的滤波电路

1.3.1 滤波电路的工作原理

1. 电容滤波电路

图 1-27 所示是单相桥式整流电容滤波电路图。电路中，滤波电容 C 并联在负载两端，利用电容器在电路中有储存和释放能量的作用（电源供给的电压升高时，它把部分能量储存起来；而当电源电压降低时，就把能量释放出来），从而减少脉动成分，使负载电压比较平滑，即电容器具有滤波作用。

（1）工作原理

单相桥式整流电路，其输出电压波形如图 1-28（a）所示。当单相桥式整流电路中接上电容器 C 后，在输入电压 u_2 正半周由 0 上升至 t_1 时间内，二极管 VD_1 和 VD_3 在正向电压作用下导通，电容器 C 充电，同时整流电流经二极管 VD_1 和 VD_3 向负载 R_L 供电。由于二极管的正向电压和变压器的二次绕组的电阻比较小，电容的充电常数也很小，所以电容两端的电压 u_C 与 u_2 近似相等，如图 1-28（b）中的 Oa 段所示。

当 u_C 上升到 $u_C = u_2$ 时，u_2 按正弦规律下降，$u_2 < u_C$ 时，二极管 VD_1 和 VD_3 被反向截止，电容器 C 经 R_L 放电，由于负载电阻很大，电容器 C 放电速度缓慢，则 u_C 不能迅速下降，如图 1-28（b）中 ab 段所示。

当 u_C 下降到 $u_C < u_2$ 时，二极管 VD_2 和 VD_4 导通，u_2 再次对电容 C 充电，电容电压 u_C 增大，如图 1-28（b）中 bc 段所示。当 u_C 上升到 $u_C = u_2$ 时，u_2 又按正弦规律下降，$u_2 < u_C$ 时，二极管 VD_2 和 VD_4 反向截止，电容器又经 R_L 放电。电容器 C 如此周而复始进行充放电，负载上便得到如图 1-28（b）所示一个脉动较小的锯齿波的输出电压。

（2）电容滤波的特点

在整流电路中加入电容滤波后，电源电压在一个周期内，电容器 C 完成两次充、放电。

① 比较图 1-28（a）和（b）可见，经电容器滤波后，输出电压的脉动成分大大减少，而且比较平滑了，使得输出电压平均值得到提高。

半波整流电容滤波电路的输出电压：

$$U_O = U_2 \tag{1-13}$$

第 1 章　晶体二极管及其应用

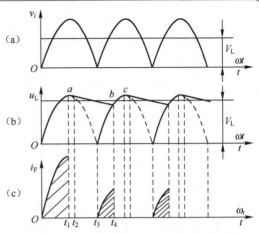

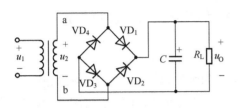

图 1-27　单相桥式整流电容滤波电路　　　　图 1-28　单相桥式整流电容滤波波形图

桥式整流电容滤波电路的输出电压：

$$U_O = 1.2U_2 \tag{1-14}$$

② 接入滤波电容后二极管的导通时间变短，如图 1-28（c）所示。电容开始充电时，流过二极管的充电电流很大，为了保护二极管不受损坏，在选择时必须选用电流裕量大的二极管，能够留有足够的电流余量，必要时在电容滤波前串联一限流电阻。一般情况下，按照其平均电流的 2～3 倍来选择二极管。

③ 电容 C 的放电常数 $\tau = R_L C$ 越大，放电速度越慢，则负载输出电压中脉动成分越少，输出的平均电压也就越高。因此在选用电容器时，其放电常数 $\tau = R_L C$ 要大一些，应满足下面条件：

$$\tau = R_L C \geqslant (3 \sim 5)\frac{T}{2} \tag{1-15}$$

式（1-15）中，T 为交流电源电压的周期。

通常滤波电容采用极性电容器，使用时电容的极性不能接反，其耐压值大于输出电压的最大值，即大于 $\sqrt{2}U_2$。

④ 电容滤波电路的输出电压随负载电流的增加而减小，这种变化关系可用描述电容滤波的外特性来表示，如图 1-29 所示。

从图 1-29 中可见，电容滤波电路的输出电压在 I_O 变化（即负载变化）时波动较大，说明电容滤波适用于带负载能力较差、负载电流较小且变化不大的场合。

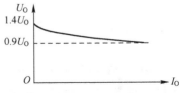

图 1-29　电容滤波的外特性

2. 电感滤波电路

电感滤波电路如图 1-30 所示，将一个电感器串联在整流电路的输出和负载电阻之间。由于电感器具有隔交流、通直流的特点，对于脉动电压中直流成分而言，电感线圈的直流电阻很小，很容易通过电感线圈加到负载上去；而对其交流成分来说，电感线圈对交流的阻抗很大，很难通过电感线圈，大部分落在电感线圈上。

根据电磁感应原理,线圈通过变化的电流时,它的两端要产生自感电动势来阻碍电流变化,当整流输出电流增大时,自感电动势抑制电流的增加,使电流只能缓慢上升;而整流输出电流减小时,自感电动势则阻止了电流的减少,使之只能缓慢下降,这样就使得整流输出电流变化平缓,其输出电压的平滑性比电容滤波好。

一般来说,电感越大,滤波效果越好,但是电感太大的阻流圈其铜线直流电阻相应增加,铁芯也需增大,结果使滤波器铜耗和铁耗均增加,成本上升,而且输出电流、电压下降。所以,滤波电感常取几亨到几十亨。由于电感滤波输出电压的波动较小,随负载变化也很小,所以电感滤波适用于负载电流较大的场合。

3. 复式滤波电路

复式滤波电路是用电容器、电感器和电阻器组成的滤波器,通常有 LC 型滤波、π 型 LC 滤波和 π 型 RC 滤波几种。复式滤波电路要求输出电压的脉动较小,所以其滤波效果比电容或电感滤波效果要更好,应用也较广泛。

图 1-31 所示是 LC 型滤波电路,它由电感滤波和电容滤波组成。脉动电压经过电感滤波后,交流分量大部分被电感器阻止,还有少部分交流分量再经过电容滤波,这样负载上得到更为平直的直流电压。

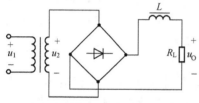
图 1-30 单相桥式整流电感滤波电路

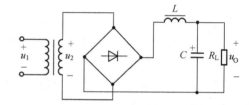
图 1-31 LC 型滤波电路

图 1-32 所示是 π 型 LC 滤波电路,在 LC 型滤波电路的前面再并联上一个滤波电容,这样可以使滤波效果更好,使输出电压的脉动更小,负载上的电压更平滑。由于 π 型 LC 滤波电路输入端接有电容,在通电瞬间因电容器充电会产生较大的充电电流,所以一般取 $C_1<C_2$,以减小浪涌电流。

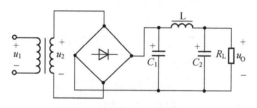
图 1-32 π 型 LC 滤波电路

图 1-33 所示是 π 型 RC 滤波电路。由于电感线圈的体积大、笨重,成本又高,所以选用电阻器 R 来代替电感器 L。电阻对交、直流电流都有降压作用,它和电容组合在一起,使较多的交流分量落在电阻的两端,则 C_2 上的交流阻抗减小,输出电压的脉动也减小,从而起到滤波作用。R 越大,C_2 越大,滤波效果更好。但是 R 不能太大,这样直流电压降会增加,因此 π 型 RC 滤波电路适用于负载电流不大的情况下。为降低成本,缩小体积,减轻重量,一般 R 取几十欧到几百欧。

当使用一级复式滤波达不到对输出电压的平滑性要求时,可以增添级数,如图 1-34 所示。

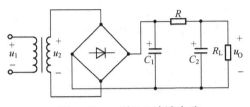

图 1-33 π 型 RC 滤波电路

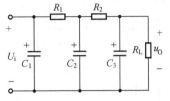

图 1-34 多级 RC 型滤波电路

典型例题分析

【例题 1-7】 在桥式整流电容滤波电路中,若负载电阻 R_L 为 240Ω,输出直流电压为 24V,交流电源频率为 50Hz,试确定电源变压器二次电压,并选择整流二极管和滤波电容。

【解题思路】 本题考查的知识点是桥式整流电路加滤波电容后的工程估算。要注意桥式整流电路有滤波电容时 $U_L≈1.2U_2$,而不是 $U_L≈0.9U_2$。选择整流二极管主要考虑的参数是 I_{FM} 和 U_{RM},选择滤波电容主要考虑耐压和容量。

【解题结果】 (1)电源变压器二次电压 U_2

根据题意可知:$U_O=1.2U_2$,所以 $U_2=\dfrac{U_O}{1.2}=\dfrac{24}{1.2}=20\,\text{V}$

(2)整流二极管的选择

负载电流:$I_O=\dfrac{U_O}{R_L}=\dfrac{24}{240}=0.1\text{A}$

通过每个二极管的直流电流:$I_D=\dfrac{I_O}{2}=\dfrac{0.1}{2}=0.05\text{A}=50\,\text{mA}$

每个二极管承受的最大反向电压:$U_{VDRM}=\sqrt{2}U_2=\sqrt{2}\times 20≈28\,\text{V}$

查晶体管手册,可选用额定正向电流为 100mA、最大反向电压为 100V 的整流二极管 2CZ82C。

(3)滤波电容的选择

根据式(1-15)可得:$R_L C=(3\sim 5)\dfrac{T}{2}=5\times\dfrac{\frac{1}{f}}{2}=0.05\,\text{s}$,所以

$$C=\dfrac{0.05}{R_L}=\dfrac{0.05}{240}=0.00021\text{F}=210\,\mu\text{F}$$

根据电容器耐压公式:$U_C\geqslant\sqrt{2}U_2≈\sqrt{2}\times 20≈28\,\text{V}$

因此,可选用容量为 500μF、耐压为 50V 的电解电容器。

【例题 1-8】 电路如图 1-27 所示,设 $U_2=18\text{V}$,当电路出现以下故障时,用万用表测量输出直流电压 U_L 应分别为多少?

(1)VD_1 被烧断,C 开路;

(2)C 开路;

(3)R_L 开路。

【解题思路】 本题考查对整流电路和滤波电路的综合分析能力。桥式整流电路中的一只二极管开路就相当于半波整流电路；滤波电容 C 开路，相当于单纯的整流电路；负载 R_L 开路，电容只充电不放电，电压将充到峰值。

【解题结果】（1）VD_1 烧断，C 开路，电路变为半波整流电路，$U_L = 0.45×18V = 8.1V$。

（2）C 开路，电路变为桥式整流电路，$U_L = 0.9×18V = 16.2V$。

（3）R_L 开路，电路为电容充电，电容无放电回路，电容电压将充到峰值，$U_{RM} = \sqrt{2}\ U_2 ≈ 1.41×18 ≈ 25.45V$。

1.3.2 实训项目：滤波电路安装与调试

1. 技能目标

① 掌握基本的手工焊接技术。
② 能熟练在万能印制电路板上进行合理布局、布线。
③ 能正确安装整流滤波电路，并对其进行调试与测量。
④ 能熟练使用示波器观测波形。

2. 装配工具和仪器

① 电烙铁等常用电子装配工具。
② 万用表。
③ EM6520 双踪示波器。

3. 相关知识

（1）EM6520 双踪示波器面板结构介绍

EM6520 双踪示波器面板外形如图 1-35 所示，面板按钮说明见表 1-7。

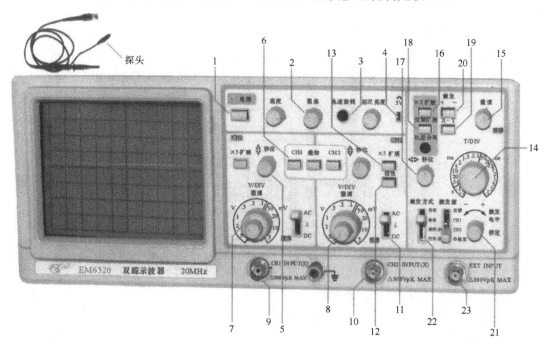

图 1-35　EM6520 双踪示波器

第1章　晶体二极管及其应用

表1-7　EM6520双踪示波器面板按钮

序号	按钮及功能
1	电源开关（POWER）：电源的接通和关闭
2	聚焦旋钮（FOCUS）：轨迹清晰度的调节
3	轨迹旋钮（TRACE ROTATION）：调节轨迹与水平刻度线的水平位置
4	校准信号（CAL）：提供幅度为0.5V、频率为1kHz的方波信号，用于调整探头的补偿和检测垂直和水平电路
5	垂直位移（POSITION）：调整轨迹在屏幕中的垂直位置
6	垂直方式选择按钮：选择垂直方向的工作方式。通道CH1、通道CH2或双踪选择（DUAL）：同时按下CH1和CH2按钮，屏幕上会出现双踪并自动以断续或交替方式同时显示CH1和CH2信号；叠加（ADD）：显示CH1和CH2输入的代数和
7	衰减开关（VOLT/DIV）：用于垂直偏转灵敏度的调节
8	垂直微调旋钮（VATIBLE）：用于连续调节垂直偏转灵敏度
9	通道1输入端（CH1 INPUT）：该输入端用于垂直方向的输入，在X-Y方式时，输入端的信号成为X轴信号
10	通道2输入端（CH2 INPUT）：该输入端与通道1一样用于垂直方向的输入，只是在X-Y方式时，输入端的信号成为Y轴信号
11	耦合方式（AC-GND-DC）：选择垂直放大器的耦合方式
12	CH2极性开关（INVERT）：按下此键CH2显示反向电压值
13	CH2×5扩展（CH2 5MAG）：按下×5扩展按键，垂直方向的信号扩大5倍，灵敏度为1MV/DIV
14	扫描时间因数选择开关（TIME/DIV）：共20挡，在0.1～0.2μs/DIV范围选择扫描速率
15	扫描微调旋钮（VARIABLE）：用于连续调节扫描速度
16	（×5）扩展控制键（MAG×5）：按下此键扫描速度扩大5倍
17	水平移位（POSITION）：调节轨迹在屏幕中的水平位置
18	交替扩展按键（ALT-MAG）：按下此键扫描因数×1、×5交替显示，扩展以后的轨迹由轨迹分离控制键（31）移位离×1轨迹1.5DIV或更远的地方。同时使用垂直双踪方式和水平扩展交替可在屏幕上同时显示四条轨迹
19	X-Y控制键：在X-Y工作方式时，垂直偏转信号接入CH2输入端，水平偏转信号接入CH1输入端
20	触发极性按钮（SLOPE）：用于选择信号的上升或下降沿触发扫描
21	触发电平旋钮（TRIG LEVEL）：用于调节被测信号在某一电平触发同步
22	触发方式选择开关（TRIG MODE）：用于选择触发方式
23	外触发输入插座（EXT INPUT）：用于外部触发信号的输入

（2）测量方法

① 测量前的检查和调整。

接通电源开关，电源指示灯亮，稍等一会儿，机器进行预热，屏幕中出现光迹，分别调节亮度旋钮和聚焦旋钮，使光迹的亮度适中、清晰，如图1-36所示。

（a）聚集不好　　　　　（b）扫描线与水平刻度不平行　　　　　（c）正常的扫描

图1-36　光迹调整

在正常情况下，被显示波形的水平轴方向应与屏幕的水平刻度线平行，由于外界干扰等原因造成误差，可按下列步骤检查调整：

先预置仪器控制件，使屏幕获得一个扫描线；后调节垂直位移，看扫描基线与水平刻度线是否平行，如不平行，用起子调整前面板"轨迹旋转 TRACE ROTATION"控制件。

② 测量电压。

对被测信号峰—峰电压的测量步骤如下。

- 将信号输入至 CH1 或 CH2 插座，将垂直方式至被选用的通道；
- 设置电压衰减器并观察波形，使被显示的波形幅度在 5 格左右，将衰减器微调顺时针旋足（校正位置）；
- 调整触发电平，使波形稳定；
- 调整扫描控制器，使波形稳定；
- 调整垂直位移，使波形的底部在屏幕中某一水平坐标上（如图 1-37 中 A 点所示）；
- 调整水平位移，使波形的顶部在屏幕中央的垂直坐标上（如图 1-37 中 B 点所示）；
- 测量垂直方向 A-B 两点的格数；
- 按公式计算被测信号的峰-峰值：

$$U_{p-p}=垂直方向的格数×垂直偏转因数$$

例如：在图 1-37 中测出 A-B 两点的垂直格数为 4.6 格，用 1:1 探头，垂直偏转因数为 5V/DIV，则 U_{p-p}=4.6×5=23V。

③ 测量时间。

如图 1-38 所示，对一个波形中两点时间间隔的测量，可按下列步骤进行。

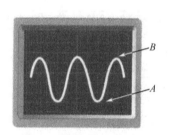

图 1-37　测量垂直方向格数

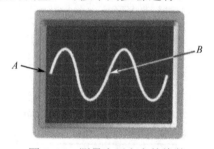

图 1-38　测量水平方向的格数

- 将被测信号接入 CH1 或 CH2 插座，设置垂直方式为被选用的通道；
- 调整触发电平使波形稳定显示；
- 将扫描微调旋钮顺时针旋足（校正位置），调整扫速选择开关，使屏幕显示 1～2 个信号周期；
- 分别调整垂直位移和水平位移，使波形中需测量的两点位于屏幕中央的水平刻度线上；
- 测量两点间的水平距离，按公式计算出时间间隔：

$$时间间隔(t)=\frac{两点间的水平距离（格）×扫描时间因数（时间/格）}{水平扩展因数}$$

例如：在图 1-38 中，测量 A、B 两点的水平距离为 5 格，扫描时间因数为 2ms/DIV，水平扩展为×1，则 t=5 格×2ms/DIV=10ms。

在图 1-38 的例子中，A、B 两点的时间间隔的测量结果即为该信号的周期（T），该

信号的频率则为 1/T。例如，测出该信号的周期为 10ms，则该信号的频率为

$$f = \frac{1}{T} = \frac{1}{10 \times 10^{-3}} = 100\text{Hz}$$

4．技能训练

（1）电路原理图

电路原理图如图 1-39 所示。

（2）装配要求和方法

工艺流程：准备→熟悉工艺要求→绘制装配草图→核对元件数量、规格、型号→元件检测→元器件预加工→万能电路板装配、焊接→总装加工→自检。

具体操作过程详见 1.2.3 实训项目，图 1-40 为滤波电路装配草图，表 1-8 滤波电路为元件清单，图 1-41 为滤波电路装配好的实物图。

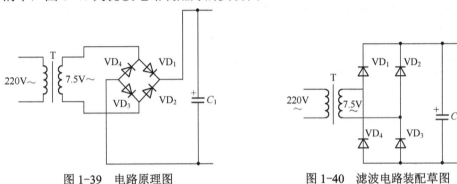

图 1-39　电路原理图　　　　　　图 1-40　滤波电路装配草图

表 1-8　滤波电路元件清单

代　号	品　名	型号/规格	数　量
$VD_1 \sim VD_4$	整流二极管	IN4001	4
T	变压器	7.5V	1
C	电解电容	1000μF	1
	电解电容	470μF	1
	电解电容	220μF	1

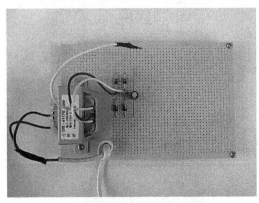

图 1-41　滤波电路实物图

(3) 调试、测量

① 接通电源，使用示波器，完成表1-9所列测量项目，绘制相应波形。

表1-9 滤波电路测量表

不接入滤波电容 C	接入滤波电容 C

② 改变 C 容量，使用示波器，测量其波形填写完成表1-10，并进行比较。

表1-10 滤波电路测量表

电容 $C=1000\mu F$	电容 $C=470\mu F$	电容 $C=220\mu F$
结论		

③ 测量结果参考，如图1-42和图1-43所示。

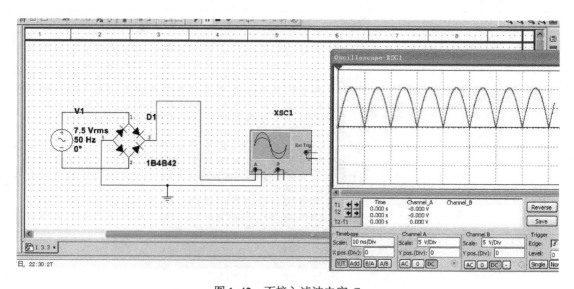

图1-42 不接入滤波电容 C

第1章 晶体二极管及其应用

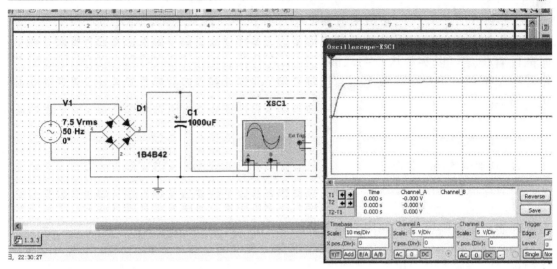

图 1-43 接入滤波电容 C

（4）实训项目考核评价

完成实训项目，填写表 1-11。

表 1-11 滤波电路安装与调试考核评价表

评价指标	评 价 要 点	评 价 结 果					
		优	良	中	合格	差	
理论知识	1. 整流滤波电路知识掌握情况						
	2. 装配草图绘制情况						
技能水平	1. 元件识别与清点						
	2. 课题工艺情况						
	3. 课题调试测量情况						
	4. 示波器使用情况，波形测量情况。						
安全操作	能否按照安全操作规程操作，有无发生安全事故，有无损坏仪表。						
总评	评别	优	良	中	合格	差	总评得分
		100～88	87～75	74～65	64～55	≤54	

1.4 晶闸管可控整流电路

学习目标：

① 了解晶闸管的基本结构、符号、引脚排列、伏安特性和主要参数。
② 掌握晶闸管的工作原理及工作特点。
③ 掌握单相可控整流电路的工作原理和整流电压与电流的波形，了解特殊晶闸管的应用。

在实际工作中，有时希望整流器的输出直流电压能够根据需要调节，例如交、直流电动机的调速、随动系统和变频电源等。在这种情况下，需要采用可控整流电路，而晶闸管正是可以实现这一要求的可控整流元件。全面了解晶闸管的基本结构、符号、引脚排列、工作特性等应用常识是正确理解晶闸管在可控整流、交流调压等方面应用的基础。

1.4.1 晶闸管

1. 晶闸管的外形与符号

晶闸管又称可控硅，从外形上区分有螺栓式和平板式等。晶闸管的外形及符号如图 1-44 所示。晶闸管有三个电极：阳极 A、阴极 K、门极 G。在图 1-44（a）中，带有螺栓的一端是阳极 A，利用它和散热器固定，另一端是阴极 K，细引线为门极 G。图 1-44（b）所示为大功率的平板式晶闸管，其中间金属环连接出来的引线为门极，离门极较远的端面是阳极 A，较近的端面是阴极 K，安装时用两个散热器把平板式晶闸管夹在中间，以保证它具有较好的散热效果。塑封普通晶闸管的中间引脚为阳极，且多与自带散热片相连，如图 1-44（c）所示。晶闸管的电路图形符号如图 1-44（d）所示，文字符号为 VT。

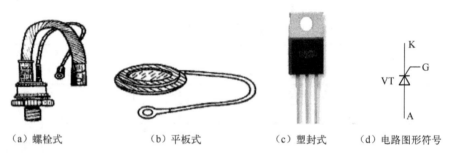

(a) 螺栓式　　(b) 平板式　　(c) 塑封式　　(d) 电路图形符号

图 1-44　晶闸管的外形与电路图形符号

2. 晶闸管的结构及导电特性

（1）结构

不论哪种结构形式的晶闸管，管芯都是由四层（P_1，N_1，P_2，N_2）器件和三端（A，G，K）引线构成。因此，它有三个 PN 结 J_1，J_2，J_3，由最外层的 P 层和 N 层分别引出阳极和阴极，中间的 P 层引出门极，如图 1-45 所示。普通晶闸管不仅具有与硅整流二极管正向导通、反向截止相似的特性，更重要的是它的正向导通是可以控制的，起这种控制作用的就是门极的输入信号。

（2）导电特性

单向晶闸管可以理解为一个受控制的二极管，由其符号可见，它也具有单向导电性，不同之处是除了应具有阳极与阴极之间的正向偏置电压外，还必须给控制极加一个足够大的控制电压，在这个控制电压作用下，晶闸管就会像二极管一样导通了，一旦晶闸管导通，控制电压即使取消，也不会影响其正向导通的工作状态。

3. 晶闸管的应用

晶闸管既有单向导电的作用，又可以作控制开关使用，具有弱电控制强电的功能。例如，在可控整流电路中，它把交流电变换成可调的直流电压，还可以在可控开关、变频电源、交直流电动调速系统等方面得到广泛应用。本节中主要介绍晶闸管在单相可控整流电路中的应用。

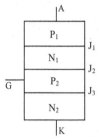

图 1-45 晶闸管的结构示意图

1.4.2 实训项目：晶闸管的测量

1．技能目标
① 能正确识别晶闸管。
② 能使用万用表正确判别晶闸管的引脚。

2．工具、元件和仪器
① 晶闸管。
② 万用表。

3．技能训练

1) 单向晶闸管的识别与测量

目前，国内常见晶闸管主要有螺栓型、平板型和塑封型，前两种三个电极的形状区别很大，可以直观识别出来，只有塑封晶闸管需要用万用表检测识别。

如果外形不能判别晶闸管的引脚，可以用万用表电阻挡进行测量。使用万用表 R×100 挡，将黑表笔接某一电极，红表笔依次接触另外的电极，如果有一次阻值很小，约为几百欧，而另一次阻值很大约为几千欧，则黑表笔接的是控制极 G。在阻值小的那次测量中，红表笔接的是阴极 K，剩余一脚为阳极 A。

2) 双向晶闸管的测量

（1）T_2 的识别

由图 1-46 可知，G 极靠近 T_1 极，距 T_2 极较远。因此，G-T_1 极间的正、反向电阻值都很小。在用万用表 R×1 挡检测任意两脚之间的正、反向电阻时，其中若测得两个电极间的正、反向电阻都呈现低阻值，约为几十欧，则被测两极为 G 和 T_1，剩余的脚就是 T_2。

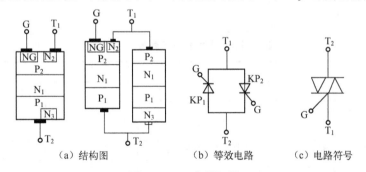

（a）结构图　　　（b）等效电路　　（c）电路符号

图 1-46 双向晶闸管

（2）区分 G 和 T_1 极

T_2 确定后，先假定两脚中一脚为 T_1 极，另一脚为 G 极，把黑表笔接 T_1，红表笔接 T_2，电阻为无穷大。接着用红表笔短接 T_2 和 G，给 G 极加上负触发信号，阻值应为 10Ω

左右，如图 1-47 所示。证明双向晶闸管已导通，其方向为 $T_1 \rightarrow T_2$。再用红表笔接 T_1，用黑表笔接 T_2，然后使 T_2 和 G 短路，给 G 加上正触发信号，电阻仍为 10Ω 左右，在 G 脱开后，若阻值不变，说明双向晶闸管触发后，在 $T_2 \rightarrow T_1$ 方向上能维持导通。若现象与假定不符，则假定错误，据此判别出 T_1 与 G。

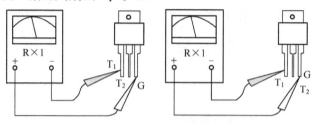

图 1-47　区分 T_1 和 G 极检测电路

3）测量记录

将晶闸管识别与测量的结果填入表 1-12。

表 1-12　晶闸管测量表

名称型号	电路符号	R_{GA}		R_{GK}		R_{AK}		画出外形图标注极性
		正向	反向	正向	反向	正向	反向	
单向								
		R_{T1T2}		R_{T1G}		R_{T2G}		
		正向	反向	正向	反向	正向	反向	
双向								

4）实训项目考核评价

完成实训项目，填写表 1-13。

表 1-13　晶闸管的测量考核评价表

评价指标	评价要点	评价结果				
		优	良	中	合格	差
理论知识	晶闸管知识掌握情况					
技能水平	1. 晶闸管外观识别 2. 万用表使用情况，测量晶闸管的正反向电阻 3. 正确鉴定晶闸管质量好坏					
安全操作	万用表是否损坏，丢失或损坏晶闸管					
总评	评别	优	良	中	合格	差	总评得分
		100~88	87~75	74~65	64~55	≤54	

1.4.3 晶闸管单相可控整流电路

用晶闸管代替二极管组成的整流电路可以将正弦交流电转变成大小可调的直流电，这种电路称为可控整流电路。可控整流电路有几种形式，如单相半波、单相全波和单相桥式可控整流电路等。当功率较大时，常采用三相交流电源组成三相半波或三相桥式可控整流电路。本节只介绍单相可控整流电路。

1. 单相半波可控整流电路

（1）电路结构

单向半波可控整流电路如图 1-48 所示。其中，u_2 为交流电源变压器的二次电压，变压器 TR 起变换电压和电气隔离作用；R_L 为电阻负载，负载电压随电流的变化而变化。

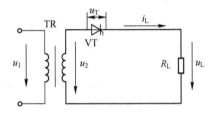

图 1-48 单相半波可控整流电路

（2）工作原理

当 u_2 在正半周时，晶闸管承受正向电压，但处于正向阻断状态，这时只要门极加一个触发脉冲电压 u_g 则晶闸管导通，忽略晶闸管的正向压降，此时负载电压 $u_O=u_2$。当 u_2 下降到接近于零时，晶闸管的正向电流小于管子的维持电流，晶闸管关断。

当 u_2 在负半周时，晶闸管承受反向电压，处于反向阻断状态，所以 $u_O=0$。直到 u_2 的下一个电压周期到来。控制极的第二个触发脉冲来临时，晶闸管再次导通。如此循环重复，负载上就得到一个稳定的缺角的半波电压，波形如图 1-49 所示。

由图 1-49 所示波形可知，从晶闸管开始承受正向电压起到施加触发脉冲前的电角度，称为触发延迟角（又称控制角或移相角），用 α 表示。晶闸管在一个电源周期内处于导通范围的电角度称为导通角，用 θ 表示。因为 $\theta=\pi-\alpha$，所以改变触发延迟角 α 就能改变输出的电压值。α 越大，θ 越小，输出的电压就越低；α 越小，θ 就越大，输出的电压就越高。整流后负载的输出电压平均值可以用触发延迟角表示，即

$$U_O = \frac{1}{2\pi}\int_\alpha^\pi \sqrt{2}U_2 \sin\omega t\, d(\omega t) = \frac{\sqrt{2}}{2\pi}U_2(1+\cos\alpha) = 0.45U_2\frac{1+\cos\alpha}{2} \tag{1-16}$$

由式（1-16）可知，当 $\alpha=0°$，$\theta=180°$ 时，晶闸管导通，相当于二极管单相半波整流电路，$U_O=0.45U_2$；当 $\alpha=180°$，$\theta=0°$ 时，晶闸管关断，$U_O=0$。

整流输出电流的平均值为

$$I_O = \frac{U_O}{R_L} = 0.45\frac{U_2}{R_L}\frac{1+\cos\alpha}{2} \tag{1-17}$$

流过晶闸管的平均电流为

$$I_T = I_O \tag{1-18}$$

由图 1-49 所示波形可以看出，晶闸管承受的正向峰值电压和最高反向电压都是电源电压的最大值，即

$$U_{TM} = \sqrt{2}U_2 \tag{1-19}$$

2. 单相桥式可控整流电路

在二极管的单相桥式整流电路中，把其中两个二极管替换成晶闸管，就构成了单相半控桥式整流电路，如图 1-50 所示。晶闸管 VT_1 和 VT_2 的阴极接在一起为共阴极连接法。即使触发脉冲电压 U_{g1}、U_{g2} 同时触发两管时，使阳极电位高的管子导通，而另一只管子承受反向电压而阻断。VD_1 和 VD_2 的阳极接在一起为共阳极连接法，总是阴极电位低的导通。

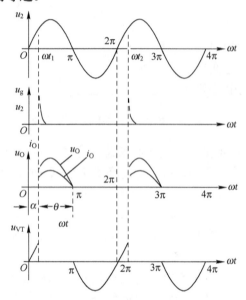

图 1-49 单相半波可控整流电路负载波形

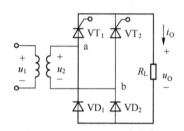

图 1-50 单相桥式半控整流电路

在 u_2 的正半周时，晶闸管 VT_1 承受正向电压，当触发延迟角为 α 时，在晶闸管 VT_1 的门极上加上一个触发脉冲，则 VT_1 和 VD_2 导通，其电流的流通路径为：a → VT_1 → R_L → VD_2 → b。当 u_2 过零时，晶闸管 VT_1 关断。此时，VT_2 和 VD_1 因承受反向电压而截止。

在 u_2 的负半周时，晶闸管 VT_2 承受正向电压，当触发延迟角为 $\pi+\alpha$ 时，在晶闸管 VT_2 的门极上加上一个触发脉冲，则 VT_2 和 VD_1 导通，其电流的流通路径为：b → VT_2 → R_L → VD_1 → a。当 u_2 过零时，晶闸管 VT_2 关断。此时，VT_1 和 VD_2 因承受反向电压而截止。单相桥式可控整流电路波形如图 1-51 所示。

通过以上分析可知，单相桥式半控整流电路的输出电压的平均值为

$$U_O = \frac{1}{\pi}\int_\alpha^\pi \sqrt{2}U_2 \sin\omega t \, d(\omega t) = \frac{\sqrt{2}}{\pi}U_2(1+\cos\alpha) = 0.9U_2\frac{1+\cos\alpha}{2} \tag{1-20}$$

整流输出电流的平均值为

$$I_O = \frac{U_O}{R_L} = 0.9\frac{U_2}{R_L}\frac{1+\cos\alpha}{2} \tag{1-21}$$

流过晶闸管和二极管的平均电流为输出电流的一半，即

$$I_T = I_D = \frac{1}{2}I_O \tag{1-22}$$

由图 1-51 所示波形可以看出,晶闸管承受的正向峰值电压、最高反向电压和二极管的最高反向电压都为电源电压的最大值,即

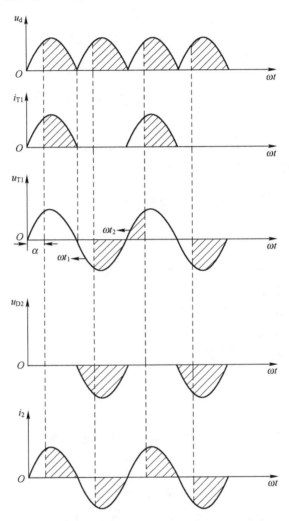

图 1-51 单相桥式半控整流电路波形

$$U_{TM} = U_{RM} = \sqrt{2}U_2 \qquad (1\text{-}23)$$

典型例题分析

【例题 1-9】 已知一单相半波可控整流电路,接在 220V 的交流电源上,负载电阻 $R_L=12\Omega$,要求直流控制可调电压范围为 30~90V,求晶闸管导通角的变化范围。

解:由式(1-16)可知 $\cos\alpha = \dfrac{2U_O}{0.45U_2} - 1$。

当整流输出的电压为 30V 时,

$$\cos\alpha_1 = \frac{2U_O}{0.45U_2} - 1 = \frac{2\times 30}{0.45\times 220} - 1 = -0.39$$

$$\alpha_1 = 113.2°$$

$$\theta_1 = \pi - \alpha = 180° - 113.2° = 66.8°$$

当整流输出的电压为 90V 时，

$$\cos\alpha_1 = \frac{2U_O}{0.45U_2} - 1 = \frac{2\times 90}{0.45\times 220} - 1 = 0.82$$

$$\alpha_1 = 35.1°$$

$$\theta_1 = \pi - \alpha = 180° - 35.1° = 144.9°$$

所以，导通角 θ 的变化范围为 66.8°～144.9°。

1.4.4　实训项目：家用调光台灯制作

1．技能目标

① 掌握基本的手工焊接技术。
② 能在万能印制电路板上进行合理布局、布线。
③ 熟悉晶闸管的工作状态及触发原理。
④ 能正确安装电路，并对其进行安装、调试与测量。

2．工具、元件和仪器

① 电烙铁等常用电子装配工具。
② 晶闸管等。
③ 万用表。

3．技能训练

在现实生活中，家用调光台灯的电路就可以利用晶闸管来实现，其主要构成框图如图 1-52 所示。

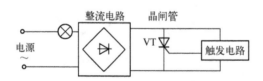

图 1-52　家用调光台灯电路框图

（1）电路原理图及工作原理分析

利用晶闸管实现的家用调光台灯电路原理图如图 1-53 所示。其工作原理为：接通电源后，交流电经桥式整流后给单向晶闸管阳极提供正向电压，并经过 R_2 和 R_3 加在单结晶体管的基极上，同时经过电阻 R_1，R_P 和 R_4 给电容器 C 充电，当 C 两端的电压大于单结晶体管的导通电压时，单结晶体管导通，给晶闸管提供一个触发脉冲信号，调节电位器 R_P，就可以改变单向晶闸管的触发延迟角 α 的大小，改变单结晶体管触发电路输出的触发脉冲的周期，从而即改变输出电压的大小，这样就可以改变灯泡的亮暗。

第1章 晶体二极管及其应用

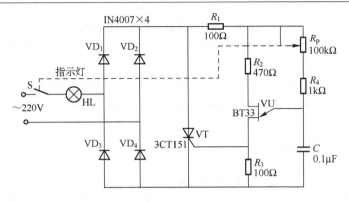

图 1-53 家用调光电灯电路原理图

（2）装配要求和方法

工艺流程：准备→熟悉工艺要求→绘制装配草图→核对元件数量、规格、型号→元件检测→元器件预加工→万能电路板装配、焊接→总装加工→自检。

具体操作过程详见 1.2.3 小节实训项目，表 1-14 所列为元件清单。

表 1-14 家用调光电路元件清单

代　　号	品　　名	型号/规格	数　　量
$VD_1 \sim VD_4$	整流二极管	IN4007	4
VU	单结晶体管	BT33	1
VT	晶闸管	3CT151	1
R_1, R_3	碳膜电阻	100Ω	2
R_2	碳膜电阻	470Ω	1
R_4	碳膜电阻	1kΩ	1
HL	灯泡	220V，25W	1
C	圆片电容	0.1μF	1
R_P	带开关电位器	100kΩ	1

（3）调试、测量

① 通电前检查：对照电路原理图检查整流二极管、晶闸管、单结晶体管的连接极性及电路的连线。

② 试通电：闭合开关，调节 R_P，观察电路的工作情况。如正常则进行下一环节检测。

③ 通电检测：调节 R_P 的值，观察灯泡亮度的变化，用万用表交流电压挡测灯泡两端的电压，并且断开交流电源，测出 R_P 的阻值，记入表 1-15 中。

表 1-15　家用调光台灯制作测量记录表

状　　态	灯泡微亮时	灯泡最亮时
灯泡两端电压		
断开交流电源，测 R_P 阻值		

（4）实训项目考核评价

完成实训项目，填写表 1-16。

表 1-16　家用调光台灯制作考核评价表

评价指标	评价要点	评价结果				
		优	良	中	合格	差
理论知识	1. 晶闸管电路知识掌握情况					
	2. 装配草图绘制情况					
技能水平	1. 元件识别与清点					
	2. 实训项目工艺情况					
	3. 实训项目调试情况					
	4. 实训项目测量情况					
安全操作	能否按照安全操作规程操作，有无发生安全事故，有无损坏仪表					
总评	评别	优	良	中	合格	差
		100~88	87~75	74~65	64~55	≤54
	总评得分					

思考题与习题 1

1-1　半导体有什么独特的导电特性？

1-2　什么叫本征半导体、N 型半导体和 P 型半导体？

1-3　如何理解 PN 结的单向导电性？

1-4　什么是 PN 结的电击穿和热击穿？哪一种击穿是可逆的？

1-5　稳压管稳压电路中，稳压管起什么作用？限流电阻起什么作用？

1-6　什么叫整流？整流电路主要需要哪些元器件？

1-7　半波整流电路、桥式整流电路各有什么特点？

1-8　晶闸管整流与二极管整流的主要区别是什么？

1-9　什么叫滤波？常见的滤波电路有几种形式？

1-10　在单相桥式整流电路中，4 只二极管的极性全部反接，对输出有何影响？若其中一只二极管断开、短路或接反时对输出有何影响？

1-11　在单相半波和桥式整流电路中，加或不加滤波电容，二极管承受的反向工作电压有无差别？为什么？

1-12　电容滤波电路有哪些主要特点？

1-13　简述单向晶闸管导通和截止的条件。

第1章 晶体二极管及其应用

1-14 在如题 1-14 图所示的各个电路中，已知直流电压 U_i=3V，电阻 R=1kΩ，二极管的正向压降为 0.7V，求 U_O。

1-15 二极管构成的限幅电路如题 1-15 图所示，R=1kΩ，U_{REF}=2V，输入信号为 u_i。试求：若 u_i=4V 直流信号，采用理想二极管模型计算电流 I 和输出电压 u_O。

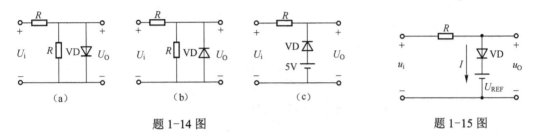

题 1-14 图 题 1-15 图

1-16 用万用表测量二极管的极性，如题 1-16 图所示。

（1）为什么在阻值小的情况下，黑表笔接的一端必定为二极管正极，红表笔接的一端必定为二极管的负极？

（2）若将红、黑表笔对调后，万用表指示将如何？

（3）如正向、反向电阻值均为无穷大，二极管性能如何？

（4）如正向、反向电阻值均为零，二极管性能如何？

（5）如正向和反向电阻值接近，二极管性能又如何？

1-17 如题 1-17 图所示，若二极管 VD 反接，会出现什么情况？画出输出电压波形。

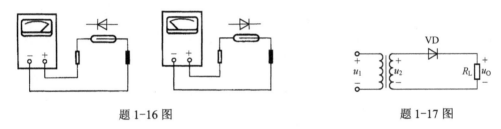

题 1-16 图 题 1-17 图

1-18 单相半波整流电路，已知变压器一次电压 U_1=220V，变压比 n=10，负载电阻 R_L=10Ω。试计算：（1）整流输出电压 U_L；（2）二极管通过的电流和承受的最大反向电压。

1-19 整流电路如题 1-19 图所示，输出电流平均值 I_O=50mA，求流过二极管的电流平均值 I_D。

1-20 已知桥式整流电路如题 1-20 图所示，U_2=8V，R_L=5Ω。试求：

（1）输出电压平均值 U_O；

（2）负载电流平均值 I_O；

（3）整流二极管平均电流 I_D 和二极管的最大反向电压 U_{DRM}；

（4）若 VD_2 反接和开路会出现什么情况？

1-21 设计一单相桥式整流电容滤波电路，电路如题 1-21 图所示。要求输出电压 U_O=48V，已知负载电阻 R_L=100Ω，交流电源的频率为 50Hz，试选择整流二极管和滤波电容器。

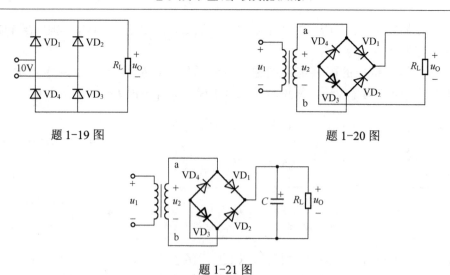

题 1-19 图   题 1-20 图

题 1-21 图

1-22 某电阻性负载，要求其输出直流电压为 120V，直流电流为 20A，采用单相半控桥式整流电路，由电网电压 220V 供电。试求：

（1）晶闸管控制角 α；

（2）输出电压和电流的有效值。

第 2 章　半导体三极管及放大电路基础

利用电子元器件的特性而工作的电路，称为电子电路或电子线路。电子技术的不断进步，其实也就体现在电子元器件制造技术的不断发展与电子线路的不断完善上。

日常生活中的家电产品一般分为两类：家用电子产品与家用电器产品。像电视机、DVD 机、家庭影院、计算机等属于家用电子产品，而电冰箱、空调器、洗衣机、抽油烟机、电饭煲等则属于家用电器产品。这两类产品的区分通常是看产品的功能体现，如果产品主要是利用电子线路而工作，则为电子产品；否则为电器产品。

其实，即使是家用电器产品，其电路中也常见到电子元器件，主要是半导体三极管，半导体三极管的主要功能是放大信号；但电子电路中的许多半导体三极管并不全是用来放大电信号，而是起信号控制、处理等作用。全面了解半导体三极管的结构、类型及符号，认识各种半导体三极管的外形特征，深入了解半导体三极管的重要特性，为分析半导体三极管电路打下基础。

2.1　半导体三极管

学习目标：
① 了解三极管的结构、类型及符号。
② 掌握三极管的伏安特性、主要参数，能在实践中合理选用三极管。
③ 了解温度对三极管特性的影响，会用万用表判别三极管的引脚和质量优劣。

三极管是电子电路最基本、最常用的半导体器件。了解三极管的放大原理，掌握三极管的识别、特性、测试方法以及参数选用是电子工程技术人员的基本技能。通过本节学习，熟悉三极管的结构、符号、引脚、伏安特性及主要参数；并能通过各种三极管的外形特征，辨别三极管的引脚和质量的优劣。

2.1.1　三极管的基本结构与类型

半导体三极管是由两个 PN 结，通过一定的工艺结合在一起的器件。在工作过程中，电子和空穴两种载流子都参与导电，故又称双极型三极管，简称三极管。

1. 半导体三极管的种类

半导体三极管是一个"大家族"，"人丁众多"，品种齐全。表 2-1 所列是半导体三极管种类。

表 2-1 半导体三极管种类

划分方法及名称		说 明
按极性划分	NPN 型三极管	这是目前常用的半导体三极管，电流从集电极流向发射极
	PNP 型三极管	电流从发射极流向集电极。NPN 型三极管与 PNP 型三极管这两种三极管通过电路符号可以分清，不同之处是发射极的箭头方向不同
按材料划分	硅三极管	简称为硅管，这是目前常用的三极管，工作稳定性好
	锗三极管	简称为锗管，反向电流大，受温度影响较大
按极性和材料组合划分	PNP 型硅管	最常用的是 NPN 型硅管
	NPN 型硅管	
	PNP 型锗管	
	NPN 型锗管	
按工作频率划分	低频三极管	工作频率 $f \leq$ 3MHz，用于直流放大器、音频放大器
	高频三极管	工作频率 $f \geq$ 3MHz，用于高频放大器
按功率划分	小功率三极管	输出功率 P_C<0.5W，用于前级放大器
	中功率三极管	输出功率 P_C 为 0.5～1W，用于功率放大器输出级或末级电路
	大功率三极管	输出功率 P_C>1W，用于功率放大器输出级
按封装材料划分	塑料封装三极管	小功率三极管常采用这种封装
	金属封装三极管	一部分大功率三极管和高频三极管采用这种封装
按安装形式划分	普通方式三极管	目前大量的三极管采用这种形式，三根引脚通过电路板上引脚孔伸到背面铜箔线路一面，用焊锡焊接
	贴片三极管	三极管引脚非常短，三极管直接装在电路板铜箔线路一面，用焊锡焊接
按用途划分	放大管、开关管、振荡管等	用来构成各种功能电路

2．半导体三极管的结构

三极管的种类很多，按照结构的不同分为两种类型：NPN 型管和 PNP 型管。如图 2-1 所示为 NPN 和 PNP 管的结构示意图和电路符号，符号中的箭头方向由 P 指向 N。

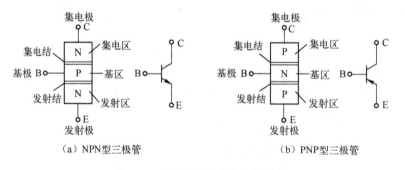

（a）NPN型三极管　　　　　　　　（b）PNP型三极管

图 2-1　三极管的结构与电路符号

由图 2-1 可见，无论是 NPN 型还是 PNP 型三极管都有三个区：集电区、基区和发射区，引出的三个电极分别为集电极 C、基极 B 和发射极 E。集电区与基区交界处的 PN 结叫集电结，发射区与基区交界处的 PN 结叫发射结。三极管各区的结构分布很均匀，实际中为了保证三极管的电流放大作用，发射区掺杂浓度远高于集电区掺杂浓度；基区很薄并且掺杂浓度低；而集电结的面积比发射结要大得多，因此三极管的发射极和集电极不能互换使用。

图 2-2 所示为几种常见三极管的外形图，三极管的型号命名方法可参阅有关书籍。

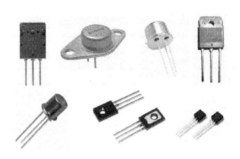

图 2-2　常见三极管的外形

2.1.2　三极管的电流放大原理

1. 三极管的工作原理

三极管在工作中要实现电流放大的作用，必须满足两个条件：一是满足内部结构条件；二是满足一定的外部条件——必须给发射结加正向偏置电压（发射结的 P 区接电源正极，N 区接电源负极），给集电结加反向偏置电压（集电结的 P 区接电源负极，N 区接电源正极）。

三极管在放大电路中的连接方式有三种，如图 2-3 所示，它们分别称为共基极、共发射极和共集电极。无论哪种接法，外加直流工作电压都必须保证使三极管的发射结正偏、集电结反偏。NPN 型和 PNP 型三极管除了电源极性和电流方向正好相反以外，它们的工作原理基本一致。下面就以 NPN 型三极管为例来分析其电流放大原理。

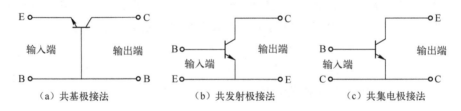

图 2-3　三极管在放大电路中的三种接法

2. 三极管的电流放大作用

三极管具有电流放大作用，是取决于三极管内部载流子的传输规律和特殊的内部结构。下面通过如图 2-4 所示实验电路，对三极管中的电流情况进行观察和分析。

图中外部电源 E_b、E_c 为三极管的两个 PN 结提供偏置电压，保证使三极管的发射结正偏、集电结反偏。当调节可变电阻 R_B 的值时，则基极电流 I_B、集电极电流 I_C 和发

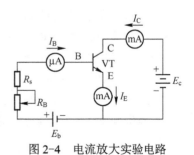

图 2-4　电流放大实验电路

射极电流 I_E 都发生了变化,测量结果见表 2-2。由此,实验及测量结果可得出以下结论。

① 观察表 2-2 中的实验数据的每一列,可得

$$I_E = I_B + I_C \qquad (2-1)$$

表 2-2 三极管电流测量数据

I_B/mA	0	0.02	0.04	0.06	0.08	0.10
I_C/mA	<0.001	0.70	1.50	2.30	3.10	3.95
I_E/mA	<0.001	0.72	1.54	2.36	3.18	4.05

此结果符合基尔霍夫电流定律。

② I_E 和 I_C 都比 I_B 大得多。通常可认为发射极电流 I_E 约等于集电极电流 I_C,即

$$I_E \approx I_C \gg I_B \qquad (2-2)$$

③ 三极管具有电流放大作用,由表 2-2 中的第四列和第五列的数据可知,I_C 与 I_B 的比值分别为

$$\frac{I_C}{I_B} = \frac{2.30}{0.06} = 38.33 \qquad \frac{I_C}{I_B} = \frac{3.10}{0.08} = 38.75$$

通过分析可知:三极管的电流是通过很小的基极电流 I_B 产生很大的集电极电流 I_C,I_C 与 I_B 的比值称为三极管的共发射极直流放大系数,用 $\bar{\beta}$ 表示,即

$$\bar{\beta} = \frac{I_C}{I_B} \qquad (2-3)$$

这就是三极管的电流放大作用。电流放大作用还体现在基极电流的少量变化ΔI_B 可以引起集电极电流较大的变化ΔI_C。下面由表 2-2 中的第四列和第五列的数据可知:

$$\frac{\Delta I_C}{\Delta I_B} = \frac{3.10 - 2.30}{0.08 - 0.06} = 40$$

由表 2-2 可以看出,对于一个三极管而言,电流放大系数在一定范围内几乎不变。这个电流放大系数称为三极管的共发射极交流放大系数,用 β 表示,即

$$\beta = \frac{\Delta I_C}{\Delta I_B} \qquad (2-4)$$

一般计算中,$\bar{\beta}$ 和 β 近似相等,所以可看成 $\bar{\beta} = \beta$。

2.1.3 三极管的特性曲线及主要参数

三极管的特性曲线是用来表示该管各极电压和电流之间相互关系的,它包括输入特性曲线和输出特性曲线。下面以 NPN 型三极管的共发射极接法的特性曲线为例进行分析和介绍,三极管特性的测试电路如图 2-5 所示。

1. 输入特性曲线

如图 2-6 所示,输入特性是指在三极管集电极与发射极之间的电压 U_{CE} 为一定值时,基极电流 I_B 同基极与发射极之间的电压 U_{BE} 的关系,即

$$I_B = f(U_{BE})|_{U_{CE}=\text{常数}} \qquad (2-5)$$

第 2 章 半导体三极管及放大电路基础

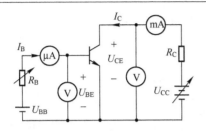

图 2-5 三极管特性的测试电路

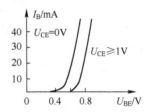

图 2-6 三极管的输入特性曲线

① 当 $U_{CE}=0V$ 时，发射结正向偏置，输入特性曲线与二极管的正向伏安特性曲线类似。

② 当 $U_{CE}\geqslant 1V$ 时，U_{CE} 的变化对 I_B 的变化很小，所以曲线右移很小，可以近似认为与 $U_{CE}=1V$ 时的曲线重合，因此通常只画出 $U_{CE}=1V$ 的一条曲线来代替 $U_{CE}\geqslant 1V$ 时的所有曲线。

由图 2-6 可见，三极管输入特性和二极管的伏安特性一样，也存在一段死区。只有在发射结的外加电压大于死区电压时，三极管才能导通出现电流 I_B。硅管的死区电压约为 0.5V，锗管的死区电压约为 0.1V。正常工作时，NPN 型硅管的发射结电压 $U_{BE}=0.6\sim 0.7V$，PNP 型锗管的 $U_{BE}=0.2\sim 0.3V$。

2. 输出特性曲线

输出特性曲线是指在基极电流 I_B 为一定值（常数）时，三极管集电极电流 I_C 与集电极与发射极之间的电压 U_{CE} 的关系，即

$$I_C = f(U_{CE})\Big|_{I_B=常数} \tag{2-6}$$

在不同的基极电流 I_B 下，可得出不同的曲线，所以三极管的输出特性曲线是一组曲线，如图 2-7 所示。当基极电流 I_B 一定时，随着 U_{CE} 从零增加，集电极电流 I_C 先直线上升，然后趋于平直。这是因为从发射区扩散到基区的电子数量大致是一定的。在 $U_{CE}\geqslant 1V$ 以后，这些电子的绝大部分已经被拉入集电区而形成 I_C，以致当 U_{CE} 继续增加时，I_C 也不再有明显增加，具有恒流特性，且满足 $I_C=\beta I_B$。当 I_B 增大时，相应的 I_C 也增大，曲线上移，体现了三极管的电流放大作用。通常把三极管的输出特性曲线分为放大区、截止区和饱和区 3 个工作区，如图 2-7 所示。

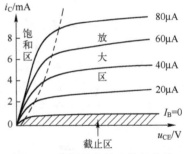

图 2-7 三极管的输出特性曲线

（1）放大区

输出特性曲线近于水平的部分是放大区。在放大区 $I_C=\beta I_B$。因为在放大区 I_C 和 I_B 成正比例关系，所以放大区也称为线性区。当 I_B 固定时，I_C 也基本不变，具有恒流的特性；当 I_B 变化时，I_C 也有相应的变化，表明 I_C 是受 I_B 控制的受控源。如前文所述，三极管工作于放大状态时，发射结处于正向偏置，集电结处于反向偏置。

（2）截止区

$I_B=0$ 这条曲线及以下的区域称为截止区。$I_B=0$ 时，$I_C=I_E=I_{CEO}$。对于 NPN 型管而

言，当 $U_{BE}<0.5V$ 时，即已开始截止，但是为了截止可靠，常使 $U_{BE}<0V$，截止时发射结处于反向偏置，集电结也处于反向偏置。

（3）饱和区

靠近纵坐标特性曲线的上升和弯曲部分所对应的区域称为饱和区。在饱和区，$U_{CE}<U_{BE}$ 集电结处于正向偏置，此时的 U_{CE} 值常称为三极管的饱和压降，用 U_{CES} 表示，小功率硅管的 U_{CES} 通常小于 0.5V。由于在饱和区 I_C 不随 I_B 的增大而成比例地增大，因而三极管失去了线性放大作用，故称为饱和。饱和时，发射结处于正向偏置，集电结也处于正向偏置。

通过以上分析，三极管不仅具有放大电流的作用，还具有开关特性。三极管常用做开关元件使用时，三极管就工作在饱和区和截止区；当三极管用做放大器使用时，工作在放大区。

3. 主要参数

三极管的参数可以作为选管的依据，也是用来作为评价三极管质量优劣的依据，还可用一些参数来表示其性能和使用范围。下面介绍三极管的主要参数。

（1）电流放大系数 β，$\bar{\beta}$

前文对电流放大系数已有介绍，一般计算中，可看成 $\bar{\beta}=\beta$，常用的三极管的 β 值在 20~200 之间。但在实际选取时，若 β 值太大，工作不稳定；若 β 值太小，放大能力会变差，因此一般选用 30~100。

（2）集-射极反向截止电流 I_{CEO}

它是指基极开路($I_B=0$)时，集电结处于反向偏置和发射结处于正向偏置时的集电极电流。又因为它从集电极直接穿透三极管而到达发射极，所以又称为穿透电流。I_{CEO} 会随温度升高而增大，I_{CEO} 越小，管子越稳定，噪声越小，故此电流应越小越好。

（3）集电极最大允许电流 I_{CM}

I_{CM} 是指三极管正常工作时集电极所允许的最大电流。当集电极电流 I_C 超过一定值时，三极管的 β 值就要下降，如果 I_C 超过 I_{CM}，则 β 值会下降到不允许的情况。

（4）集-射极反向击穿电压 $U_{(BR)CEO}$

当基极开路时，在集电极-发射极间的最大允许电压，也称集-射极反向击穿电压。若 $U_{CE}>U_{(BR)CEO}$ 时，集-射极反向截止电流 I_{CEO} 会突然上升，将导致三极管被击穿。

（5）集电极最大允许耗散功率 P_{CM}

P_{CM} 是指三极管正常工作时，集电结所允许的最大消耗功率。当集电极电流 I_C 流过集电极，使三极管发热后达到一定温度，其性能变差或者损坏。故使用时应该使集电极消耗的功率 $P_C<P_{CM}$。P_{CM} 主要受结温度和散热条件的限制，一般来说，锗管允许结温度约为 70~90℃，硅管约为 150℃；若想要改善散热条件的话，可以提高 P_{CM}。

2.1.4 实训项目：三极管的判别与检测

1. 技能目标

① 掌握万用表电阻挡使用方法。

② 掌握三极管极性的判别方法。

③ 能用万用表判别晶体三极管的质量优劣。

2．工具和仪器

① 万用表。

② 各类三极管。

3．技能训练

（1）找出基极，并判定管型（NPN 或 PNP）

对于 PNP 型三极管，C 和 E 极分别为其内部两个 PN 结的正极，B 极为它们共同的负极；而对于 NPN 型三极管而言，则正好相反，即 C 和 E 极分别为两个 PN 结的负极，而 B 极则为它们共用的正极。根据 PN 结正向电阻小反向电阻大的特性就可以很方便的判断基极和管子的类型。具体方法如下：

如图 2-8 所示，将万用表拨在 R×100 或 R×1k 挡上，红笔接触某一管脚，用黑表笔分别接另外两个管脚，这样就可得到三组（每组两次）的读数，当其中一组二次测量都是几百欧的低阻值时，若公共管脚是红表笔，所接触的是基极，则三极管的管型为 PNP 型；若公共管脚是黑表笔，所接触的也是基极，则三极管的管型为 NPN 型。

（2）判别发射极和集电极

由于三极管在制作时，两个 P 区或两个 N 区的掺杂浓度不同，如果发射极、集电极使用正确，三极管具有很强的放大能力；反之，如果发射极、集电极互换使用，则放大能力非常弱，由此即可把管子的发射极、集电极区别开来。

判断集电极和发射极的基本原理是把三极管接成单管放大电路，利用测量管子的电流放大系数 β 值的大小来判定集电极和发射极。

如图 2-9 所示，将万用表拨在 R×1k 挡上。用手（以人体电阻代替 100kΩ）将基极与另一管脚捏在一起（注意不要让电极直接相碰），为使测量现象明显，可将手指湿润一下，将红表笔接在与基极捏在一起的管脚上，黑表笔接另一管脚，注意观察万用表指针向右摆动的幅度。然后将两个管脚对调，重复上述测量步骤。比较两次测量中表针向右摆动的幅度，找出摆动幅度大的一次。对 PNP 型三极管，则将黑表笔接在与基极捏在一起的管脚上，重复上述实验，找出表针摆动幅度大的一次，对于 NPN 型，黑表笔接的是集电极，红表笔接的是发射极。对于 PNP 型，红表笔接的是集电极，黑表笔接的是发射极。

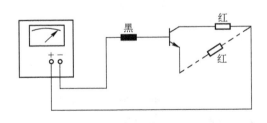　　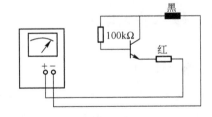

图 2-8　测量三极管极性及基极　　　　图 2-9　判别三极管 E 和 C 引脚

这种判别电极方法的原理是：利用万用表内部的电池，给三极管的集电极、发射极加上电压，使其具有放大能力。用手捏住其基极、集电极时，就等于通过手的电阻给三极管加一正向偏流，使其导通，此时表针向右摆动幅度就反映出其放大能力的大小，因此可正确判别出发射极、集电极来。

（3）测量三极管

① 对各个三极管的外观标识进行识读，并将识读结果填入表 2-3 中。

② 用万用表分别对各三极管进行检测，判断其管脚和性能好坏，将测量结果填入表 2-3 中。

表 2-3　三极管识别与检测记录表

编号	标识内容	封装类型	判断结果		根据万用表测试结果画三极管引脚排列示意图	性能好坏
			极型类型	材料		
1						
2						
3						
4						
5						

（4）实训项目考核评价

完成实训项目，填写表 2-4 所列考核评价表。

表 2-4　三极管的判别与检测考核评价表

评价指标	评价要点	评价结果				
		优	良	中	合格	差
理论知识	三极管知识掌握情况					
技能水平	1. 三极管外观识别					
	2. 万用表使用情况，三极管极性判别情况					
	3. 正确鉴定三极管质量好坏					
安全操作	万用表是否损坏，丢失或损坏三极管					
总评	评别	优	良	中	合格	差	总评得分	
		100~88	87~75	74~65	64~55	≤54		

2.2　基本放大电路

学习目标：

① 理解共发射极放大电路、分压式偏置放大电路的基本结构和工作原理。

② 掌握放大电路静态工作点的估算和微变等效电路的分析方法。

③ 了解放大电路输入电阻和输出电阻的概念，能识读放大电路的电路图。

在生产和生活实践活动中，常常需要将微弱的电信号加以放大，以便有效地进行观察、测量和控制，并用以推动执行机构。如，收音机中来自天线的微弱信号被收音机电路

第2章 半导体三极管及放大电路基础

放大推动喇叭发声；来自各种探测器的微弱信号经放大后再作处理，使显示器显示有关消息或推动控制设备动作，达到控制的目的等。共发射极连接的交流放大电路是晶体管放大电路的基本形式，通过本节的学习，使学习者对放大电路的组成、各元件的作用、信号放大的工作原理及放大器的性能有一个比较清晰的认识。

2.2.1 共发射极基本放大电路

所谓放大电路，是将微弱的电信号进行放大，以便人们测量、观察和利用，它的本质是实现能量的控制。放大电路需要配置直流电源，用能量较小的输入信号去控制这个电源，使之输出较大的能量来推动负载。这种小能量对大能量的控制作用，就是放大电路的放大作用。根据放大电路连接方式的不同，可分为共发射极放大电路、共集电极放大电路和共基极放大电路，其中共发射极放大电路应用最广。下面就以共发射极基本放大电路为例，讨论放大电路的电路组成、分析方法以及工作点稳定等问题。

1. 共发射极基本放大电路的组成

图 2-10 所示是一个典型的共发射极基本放大电路。

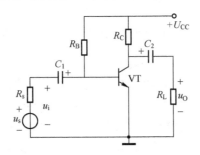

图 2-10 共发射极基本放大电路

输入信号 u_i（由信号源 u_s 和内阻 R_s 串联表示）从基极和发射极间输入，输出信号 u_O 从集电极和发射极之间输出，R_L 为负载电阻。发射极是输入回路和输出回路的公共端，所以称此放大电路为共发射极放大电路（简称共射电路）。电路中各个元器件的作用如下：

① 三极管 VT　它是放大电路的核心器件，具有放大电流的作用。

② 直流电源 U_{CC}　U_{CC} 向集电结提供反向偏置电压，使三极管工作在放大区。放大电路放大作用的实质是，用能量较小的输入信号，去控制能量较大的输出信号，但三极管本身不能产生能量，因此电源 U_{CC} 就向输出信号提供能量。一般 U_{CC} 的电压为几伏到几十伏。

③ 基极电阻 R_B　其作用是向三极管的基极提供合适的偏置电流，并使发射结正向偏置。选择合理的 R_B 值，就可使三极管有稳定的静态工作点。通常，R_B 的取值为几十千欧到几百千欧。

④ 集电极负载电阻 R_C　它将集电极电流的变化转换为电压的变化输出，以实现电压放大的作用，一般为几千欧到几十千欧。

⑤ 电容 C_1 和 C_2　电容 C_1 和 C_2 在电路中起"隔直通交"的作用，避免放大电路的

输入端和信号源之间、输出端与负载之间直流分量的互相影响。为了减小传递信号的电压损失，C_1 和 C_2 应足够大，一般为几微法至几十微法，通常采用电解电容器。用 PNP 型三极管组成放大电路时，电源的极性和电解电容极性，正好与 NPN 型电路相反。

2．共发射极放大电路的工作原理

如图 2-11 所示为共发射极放大电路各电压、电流波形，当输入端没有交流信号输入时，电路各处都是固定不变的直流，此时放大电路的工作状态称为静态。在直流电源的作用下，产生发射极电压 U_{CE}、基极电流 I_B、集电极电流 I_C，它们的波形如图 2-11 所示。

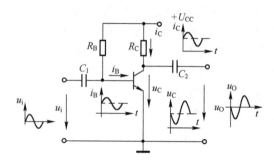

图 2-11 共发射极放大电路各电压、电流波形

由图 2-11 中波形可知，当输入端加入交流信号时，各点处的电压和电流信号在直流的基础上再叠加一个交流信号，电路中的电压和电流将随着输入的交流信号变化而变化，此时放大电路的工作状态称为动态。交流信号 u_i 通过 C_1 输入到基极，使基射极电压 U_{BE} 随着 u_i 的加入按其规律变化。这时在集射极间的电压有直流（U_{BE}）和交流（u_{be}）两个分量。若忽略电容 C_1 的电压降，则 $u_{be}=u_i$，此时 $u_{BE}=U_{BE}+u_{be}$，u_{BE} 的改变引起基极电流 i_B 的变化，i_C 也随着 i_B 变化。因为集射极间的电压 $u_{CE}=U_{CC}-i_C R_C$，故 i_C 增加时，u_{CE} 就会减小，它们的变化正好相反。当 u_{CE} 的直流分量被 C_2 隔离，从 C_2 上通过的交流分量，就是输出端上的交流输出电压 u_O。若忽略 C_2 的电压降，则 $u_O=u_{ce}=-i_c R_C$，u_O 与 u_i 的相位差为 180°，如果电路的参数选择适当，u_O 的幅度将比 u_i 大得多，从而达到放大的目的。

通过以上分析，放大电路中既有直流分量，又有交流分量。为了区分将各电压、电流符号规定如下。

（1）直流量：如 U_{BE}，U_{CE}，I_B，I_C，I_E；

（2）交流瞬时值：如 u_i，u_{be}，u_{ce}，u_O，i_b，i_c；

（3）交流有效值：如 U_{be}，U_{ce}，I_b，I_c，I_e；

（4）交直流叠加量：如 $u_{CE}=U_{CC}+u_{ce}$，$u_{BE}=U_{BE}+u_{be}$，$i_B=I_B+i_b$ 等。

2.2.2 共发射极放大电路的分析

1．静态分析

（1）直流通路估算法

所谓静态是指输入端没有交流信号输入时，电路中的电流、电压都不变的工作状态。静态时三极管各极电流和电压值称为静态工作点 Q（I_{BQ}，I_{CQ} 和 U_{CEQ}）。电源 U_{CC} 通过 R_B 给三极管 VT 的发射结加上正向偏置，用 U_{BE} 表示，产生的基极电流用 I_{BQ} 表示，集电极电流用 I_{CQ} 表示，此时的集-射电压用 U_{CEQ} 表示。放大电路的静态分析一般通过画直流通路来进行（所谓直流通路就是在静态时，电容视为开路，放大电路直流通过的路径），而静态分析主要是为了确定放大电路中的静态工作点。由图 2-10 所示共发射极放大电路的直流通路如图 2-12 所示，根据直流通路估算 Q 点。

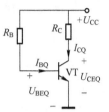

图 2-12 图 2-10 所示放大电路的直流通路

由图 2-12 可知，
$$U_{CC} = I_{BQ}R_B + U_{BE}$$

所以基极电流为
$$I_{BQ} = \frac{U_{CC} - U_{BE}}{R_B} \tag{2-7}$$

一般地，三极管工作在放大状态下，发射结正向导通压降变化不大，这时通常硅管取 $U_{BE} = 0.7\text{V}$，锗管 $U_{BE} = 0.2\text{V}$。

因为 $U_{CC} \gg U_{BE}$，所以
$$I_{BQ} \approx \frac{U_{CC}}{R_B} \tag{2-8}$$

集电极电流为
$$I_{CQ} = \beta I_{BQ} \tag{2-9}$$

集-射极间电压为
$$U_{CEQ} = U_{CC} - I_{CQ}R_C \tag{2-10}$$

典型例题分析

【例题 2-1】 在图 2-13 所示直流通路中，已知 $U_{CC}=12\text{V}$，$R_B=300\text{k}\Omega$，$R_C=4\text{k}\Omega$，$\beta = 37.5$，试求放大电路的静态工作点。

解： 根据图 2-13 所示的直流通路，可以得到
$$I_{BQ} \approx \frac{U_{CC}}{R_B} = \frac{12}{300} = 0.04\text{mA}$$

$$I_{CQ} = \beta I_{BQ} = 37.5 \times 0.04 = 1.5\text{mA}$$

$$U_{CEQ} = U_{CC} - I_{CQ}R_C = 12 - 1.5 \times 4 = 6\text{V}$$

所以，得出该放大电路的静态工作点 Q（0.04mA，1.5mA 和 6V）。

（2）图解法

所谓图解法是在三极管的特性曲线上，用作图的方法来分析放大电路的静态工作点。图解法能直接反映出三极管的工作状态和静态工作点的位置。具体步骤如下：

① 用估算法求出基极电流 I_{BQ}（如 $I_{BQ}=40\mu\text{A}$）。

② 根据 I_{BQ} 在输出特性曲线中找到对应的曲线。

③ 作直流负载线。根据 $U_{CEQ}=U_{CC}-I_{CQ}R_C$ 可以画出一条直线，该直线在 Y 轴上的截距为 $\dfrac{U_{CC}}{R_C}$，在 X 轴上的截距为 U_{CC}，只跟集电极电阻 R_C 有关，所以称为直流负载线。

④ 求静态工作点 Q，并确定 U_{CEQ}、I_{CQ} 的值。静态工作点 Q 既要在 I_{BQ}=40μA 的输出特性曲线上，又要满足直流负载线，因而三极管必然工作在它们的交点处，该点就是静态工作点 Q。由静态工作点 Q 在坐标上查得静态值 U_{CEQ} 和 I_{CQ}。静态工作点的图解法如图 2-14 所示。

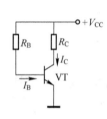

图 2-13　例题 2-1 图

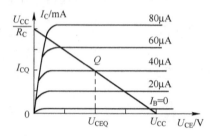

图 2-14　静态工作点的图解法

2．动态分析

动态是指输入端有交流信号时，电路中的电流、电压随输入信号作相应变化的工作状态。由于动态时放大电路是在直流电源 U_{CC} 和交流输入信号 u_i 共同作用下工作，电路中的电压 u_{CE}、电流 i_B 和 i_C 都是由交流分量和直流分量叠加在一起。动态分析主要是确定放大电路的电压放大倍数 A_u、输入电阻 R_i 和输出电阻 R_o 等。动态分析的方法有微变等效电路法和图解法。微变等效电路法主要是确定放大电路的动态性能指标，图解法则是对放大电路的工作状态与失真情况的分析。

1）微变等效电路法

（1）三极管的微变等效电路

在讨论放大电路的简化微变等效电路之前，需要介绍三极管的简化微变等效电路。对于交流分量来说，三极管可以看成是一个线性元件。所谓放大电路的微变等效电路就是在小信号的条件下，把三极管组成的放大电路等效为一个线性电路。如图 2-15 所示是三极管的简化微变等效电路。

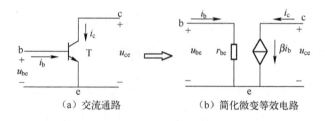

图 2-15　三极管的简化微变等效电路

由图 2-15 可以看出,三极管的输入回路可以等效为输入电阻 r_{be}。在小信号工作条件下,r_{be} 是一个常数,低频小功率三极管的输入电阻 r_{be} 可用下式估算:

$$r_{be} = 300\Omega + (1+\beta)\frac{26(\text{mV})}{I_E(\text{mA})} \tag{2-11}$$

式中,I_E 是三极管发射极电流的静态值,一般可取 $I_E \approx I_{CQ}$。

三极管的输出回路等效成一个受控恒流源 $i_c = \beta i_b$。三极管的输出电阻数值比较大,故在三极管的简化微变等效电路中将它忽略,图 2-15 中也就没有画出。

(2) 放大电路的简化微变等效电路

所谓交流通路是指输入交流信号时,放大电路交流信号流通的路径。由于电路中的电容 C_1 和 C_2 足够大,容抗近似为零(相当于短路),而直流电源 U_{CC} 去掉,所以交流通路也就是交流电压 u_i 单独作用下的电路。如图 2-16(a)所示为放大电路的交流通路。放大电路交流通路中的三极管如用其简化微变等效电路来代替,便可得到如图 2-16(b)所示的放大电路的微变等效电路图。

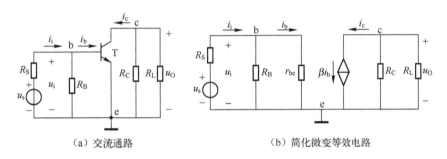

(a) 交流通路 (b) 简化微变等效电路

图 2-16 共发射极放大电路的简化微变等效电路

(3) 放大电路动态性能指标

① 电压放大倍数 A_u。

设放大电路的交流输入信号为正弦波,图 2-16 所示等效电路中的电压和电流用相量表示可得

$$\dot{U}_i = \dot{I}_b r_{be} \tag{2-12}$$

$$\dot{U}_O = -\dot{I}_c R'_L = -\beta \dot{I}_b R'_L \tag{2-13}$$

式(2-13)中,$R'_L = R_C // R_L$,所以放大电路的电压放大倍数为

$$A_u = \frac{\dot{U}_O}{\dot{U}_i} = -\frac{\beta R'_L}{r_{be}} = -\frac{\beta(R_C // R_L)}{r_{be}} \tag{2-14}$$

式(2-14)中,负号表示输出电压与输入电压相位相反。如果电路的输出端开路,即 $R_L = \infty$ 时,则有

$$A_u = -\frac{\beta R_C}{r_{be}} \tag{2-15}$$

由此分析可见，R_L 越大，电压放大倍数越大；R_L 越小，电压放大倍数越小。

典型例题分析

【例题 2-2】 在图 2-10 所示放大电路中，已知 $U_{CC}=12V$，$R_B=300k\Omega$，$R_C=4k\Omega$，$R_L=4k\Omega$，$\beta=37.5$，试求放大电路的电压放大倍数 A_u。

解：在例 2-1 中已求出 $I_{CQ}=\beta I_{BQ}=1.5\text{mA}$

由公式（2-11）可求出

$$r_{be} = 300\Omega + (1+37.5)\frac{26(\text{mV})}{1.5(\text{mA})} = 967\Omega$$

则

$$A_u = -\frac{\beta(R_C // R_L)}{r_{be}} = -\frac{37.5(4//4)}{0.967} = -77.6$$

② 输入电阻 R_i。

放大电路的输入电阻 R_i 是从放大器的输入端看进去的等效电阻，如图 2-17 所示，即

$$R_i = R_B // r_{be} \tag{2-16}$$

通常 $R_B \gg r_{be}$，因此 $R_i \approx r_{be}$，r_{be} 一般为几百欧到几千欧，因此共发射极基本放大电路的输入电阻 R_i 也不大。

③ 输出电阻 R_o

对于负载而言，放大电路相当于一个电压源，其中 R_o 表示放大电路的输出电阻，如图 2-18 所示。将输入信号源 u_s 短路和输出负载开路，从输出端外加测试电压 u_T，产生相应的测试电流 i_T，则输出电阻为

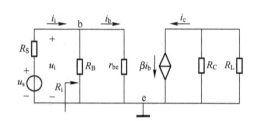

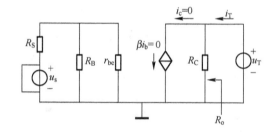

图 2-17 共发射极放大电路的输入电阻　　　图 2-18 共发射极放大电路的输出电阻

$$R_O = \frac{u_T}{i_T}$$

而

$$i_T = \frac{u_T}{R_c}$$

故

$$R_O = R_c \tag{2-17}$$

一般来说，希望放大电路的输入电阻高一些，这样可以避免输入信号过多地衰减；

对于放大电路的输出电阻来说,则希望越小越好,以提高电路的带负载能力。通常电阻 R_C 为几千欧,因此共发射极基本放大电路的输出电阻较高。

2)图解法

放大电路动态图解分析法是在输入信号作用时,利用三极管的特性曲线,来分析各电压和电流交流分量间的变化情况及相互关系。

(1)交流负载线

交流负载线是反映输出回路中的电流 i_C 和电压 u_{CE} 的关系曲线,对交流输入信号来说,耦合电容 C_2 可视为短路,而此时 R_L 与 R_C 并联(即 $R_L' = R_C // R_L$),集电极的交流输出电压 $u_{CE} = u_O = -i_C R_L'$,因此,交流负载线可由一条斜率为 $-\dfrac{1}{R_L'}$ 的直线来描述 i_C 和 u_{CE} 间的线性关系。

当输入端有交流信号进入时,此时交、直流共存在同一电路之中,所以动态分析是在静态分析的基础上进行的,交流负载线必定通过静态工作点 Q。交流负载线可以通过求出集电极输出电压 $u_{CE}=U_{CEQ}+I_{CQ} R_L'$,再与静态工作点 Q 相连作直线即可得到。

放大电路的动态图解如图 2-19 所示,当基极电流 i_b 随输入的正弦交流电压变化时,使得 i_b 相对应的 i_c 与 u_{ce} 的波形也随之作正弦变化。静态工作点 Q 也沿着交流负载线在 Q' 到 Q'' 间移动。当负载开路时(即 $R_L \to \infty$),交流负载线与直流负载线重合。输出电压 $u_O = u_{CE} - U_{CEQ}$,因为输出电压 u_O 的幅度比输入电压 u_i 要大很多,说明输入的电压 u_i 被线性放大了,且 u_O 与 u_i 的相位相反。

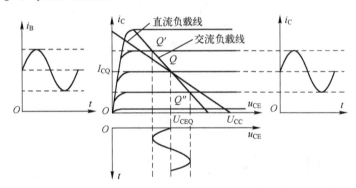

图 2-19 放大电路的动态图解

(2)非线性失真

在放大电路中,当三极管的工作点进入了特性曲线的非线性区,使输入信号和输出信号不再保持线性关系,输出信号波形的形状不能重现输入信号波形形状,这样产生的失真称为非线性失真。对一个放大电路来说,希望输出波形的失真尽可能小。如果静态工作点设置不合适,会对放大电路的性能造成影响,使输出波形产生非线性失真。

① 饱和失真。

当静态工作点 Q 设置偏高,接近饱和区时,如图 2-20 所示特性曲线中的 Q_1 点,i_c 的正半周和 u_{ce} 的负半周都出现了平顶畸变。这种由于三极管饱和引起的失真,称为"饱失真"。为了消除饱和失真,需要减小基极电流 I_B,使静态工作点下移。

② 截止失真。

当静态工作点 Q 设置偏低,接近截止区时,如图 2-20 所示特性曲线中的 Q_2 点,使得 i_c 的负半周和 u_{ce} 的正半周出现平顶畸变,这种由于三极管截止引起的失真称为"截止失真"。若要消除截止失真,必须增大基极电流 I_B,使静态工作点上移。

为了防止失真,必须选择一个合适的静态工作点 Q。一般情况下选在交流负载线的中间位置,可以获得最大的不失真输出,使放大电路得到最大的动态工作范围。因此,输入信号的幅值不能太大,才能确保放大电路工作在线性区。

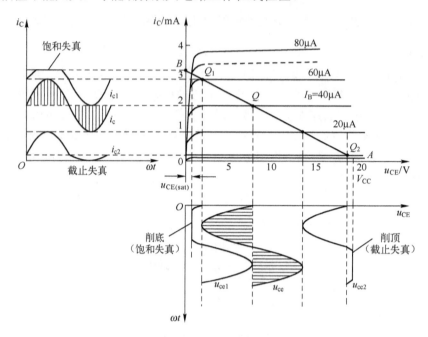

图 2-20 静态工作点对输出波形失真的影响

2.2.3 分压式偏置放大电路

放大电路的静态工作点是放大电路放大性能体现的关键,为了确保放大电路正常工作,所以要选择合适的静态工作点。而引起放大电路静态工作点不稳定有两个原因:一是环境温度的影响;二是三极管参数的变化。其中,温度的变化是引起静态工作点不稳定的主要因素。在固定偏置放大电路中(如图 2-10 所示共发射极基本放大电路),当温度升高时,三极管的 I_{CEO} 和 β 增大、U_{BE} 减小,而这三个参数的变化都会导致集电极电流 I_C 增大,若 R_C 和 U_{CC} 一定时,U_{CE} 随着温度升高而减小,故放大电路容易产生饱和失真。当温度降低时,则易产生截止失真。

1. 分压式偏置电路的组成

由于固定偏置电路中,当温度变化时,静态工作点不稳定。为了保证集电极电流 I_C 稳定不变,通常采用分压式偏置放大电路,如图 2-21 所示。从电路的组成来看,三极管的基极连接有两个偏置电阻：上偏电阻 R_{B1} 和下偏电阻 R_{B2}，发射极支路串接了电阻 R_E（称为射极电阻）和旁路电容 C_E（称为射极旁路电容）。

2．分压式偏置电路的静态分析

分压式偏置放大电路的直流通路如图 2-22 所示，一般情况下，此电路满足以下两个条件。

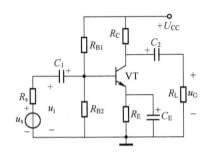

图 2-21 分压式偏置放大电路

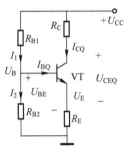

图 2-22 分压式偏置电路的直流通路

① $I_1 \approx I_2 \gg I_{BQ}$，则

$$U_B = I_2 R_{B2} \approx \frac{R_{B2}}{R_{B1}+R_{B2}} U_{CC} \tag{2-18}$$

由式（2-18）可知，U_B 与三极管的参数无关，不受温度影响。

② $U_B \gg U_{BE}$（一般情况下，$U_B = (5\sim10)U_{BE}$），则

$$U_E = I_{EQ} R_E$$

$$U_{BE} = U_B - U_E = U_B - I_{EQ}R_E$$

所以
$$I_{CQ} \approx I_{EQ} = \frac{U_B - U_{BE}}{R_E} \approx \frac{U_B}{R_E} \tag{2-19}$$

由式（2-19）可知，I_{CQ} 也不受温度影响。

通过以上分析，分压式偏置电路静态工作点稳定的变化过程为：

温度上升→$I_{CQ}\uparrow \to I_{EQ}\uparrow \to U_E(U_E=I_ER_E)\uparrow \to U_{BE}(U_{BE}=U_B-U_E)\downarrow \to I_{BQ}\downarrow \to I_{CQ}(I_{CQ}=\beta I_{BQ})\downarrow$

因此，只要满足 $I_2 \gg I_{BQ}$ 和 $U_B \gg U_{BE}$ 两个条件，U_B 和 I_{EQ} 或 I_{CQ} 就与三极管的参数几乎无关，不受温度变化的影响，从而静态工作点能得以基本稳定。

典型例题分析

【例题 2-3】 在如图 2-21 所示的分压式偏置放大电路中，已知 $U_{CC}=12V$，$R_{B1}=20k\Omega$，$R_{B2}=10k\Omega$，$R_C=2k\Omega$，$R_E=2k\Omega$，$R_L=3k\Omega$，$\beta=50$，$U_{BE}=0.6V$。试求：

（1）静态值 I_{BQ}、I_{CQ} 和 U_{CEQ}。

（2）放大电路的电压放大倍数 A_u，输入电阻 R_i 和输出电阻 R_O。

解：(1) 根据图 2-22 所示的直流电路，用估算法计算静态工作点。
基极电位为
$$U_B = \frac{R_{B2}}{R_{B1}+R_{B2}}U_{CC} = \frac{10}{20+10}\times 12 = 4\text{V}$$

集电极电流为
$$I_{CQ} \approx I_{EQ} = \frac{U_B - U_{BE}}{R_E} = \frac{4-0.6}{2} = 1.7\text{mA}$$

基极电流为
$$I_{BQ} = \frac{I_{CQ}}{\beta} = \frac{1.7}{50}\text{mA} = 34\mu\text{A}$$

集-射极电压为
$$U_{CEQ} = U_{CC} - I_{CQ}(R_C + R_E) = 12 - 1.7\times(2+2) = 5.2\text{V}$$

(2) 图 2-21 所示放大电路的微变等效电路图如图 2-23 所示。
三极管的输入电阻为
$$r_{be} = 300 + (1+\beta)\frac{26}{I_E} = 300 + (1+50)\frac{26}{1.7} = 1080\Omega = 1.08\text{k}\Omega$$

电压放大倍数为
$$A_u = -\frac{\beta(R_C // R_L)}{r_{be}} = -\frac{50\times\frac{2\times 3}{2+3}}{1.08} = -55.6$$

输入电阻为
$$R_i = R_{B1} // R_{B2} // r_{be} = 20 // 10 // 1.08 = 0.93\text{k}\Omega$$

输出电阻为
$$R_O = R_C = 3\text{k}\Omega$$

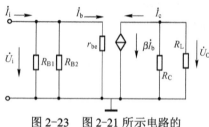

图 2-23 图 2-21 所示电路的微变等效电路

2.2.4 实训项目：分压式偏置放大电路安装与调试

1．技能目标
① 掌握晶体三极管放大电路静态工作点的测试方法。
② 掌握低频信号发生器的使用方法。
③ 能用示波器测量放大电路的输入、输出波形。

2．工具、元件和仪器
① 万用表、低频信号发生器、示波器。
② 三极管、电阻、电容等。
③ 电烙铁等常用电子装配工具。

3．相关知识

EE1641B 型函数信号发生器/计数器是一种精密的测试仪器，具有可提供连续信号、扫频信号、函数信号、脉冲信号等多种输出信号和外部测频功能，在模拟电路及数字电路中提供输入信号。EE1641B 型函数信号发生器/计数器面板如图 2-24 所示。

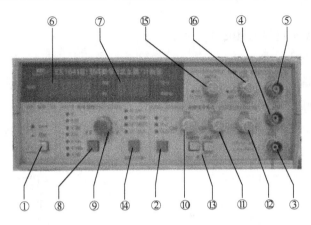

图 2-24　EE1641B 型函数信号发生器/计数器面板图

部分功能及使用方法如下。

①——电源开关：此按键按下时，机内电源接通，整机工作。此键释放为关机。

②——函数输出波形选择旋钮：可选择正弦波、三角波、脉冲波输出。

③——函数信号输出端：输出多种波形受控的函数信号，输出幅度分别为 20Vp–p（1MΩ负载）和 10Vp–p（50Ω负载）。

④——TTL 信号输出端：输出标准的 TTL 幅度的脉冲信号，输出阻抗为 600Ω。

⑤——外部输入插座：当"扫描/计数键"功能选择在外扫描计数状态时，外扫描控制信号或外测频信号由此输入。

⑥——频率显示窗口：显示输出信号的频率或外测频信号的频率。

⑦——幅度显示窗口：显示函数输出信号的幅度。

⑧——频率范围粗选择旋钮：调节此旋钮可粗调输出频率的范围。

⑨——频率范围细选择旋钮：调节此旋钮可精细调节输出频率。

⑩——输出波形，对称性调节旋钮：调节此旋钮可改变输出信号的对称性。当电位器处在"OFF"位置时，则输出对称信号。

⑪——函数信号输出直流电平预置调节旋钮：调节范围为–5～+5V（50Ω负载），当电位器处在"OFF"位置时，则为 0 电平。

⑫——函数信号输出幅度调节旋钮：信号输出幅度调节范围 20dB。

⑬——函数信号输出幅度衰减开关："20dB"和"40dB"键均不按下，输出信号不经衰减，直接输出到插座口。"20dB"和"40dB"键分别按下，则可选择 20dB 或 40dB 衰减。

⑭——"扫描/计数"按钮：可选择多种扫描方式和外测频方式。

⑮——扫描宽度调节旋钮：调节此旋钮可以改变内扫描的时间长短。在外测频时，逆

时针旋到底（绿灯亮），为外输入测量信号经过衰低通开关进入测量系统。

⑯——速率调节旋钮：调节此旋钮可调节扫频输出的频率宽度。在外测频时，逆时针旋到底（绿灯亮），为外输入测量信号经过衰减"20dB"进入测量系统。

4．技能训练

1）电路原理图

分压式偏置放大电路原理图如图 2-25 所示。

2）装配要求和方法

工艺流程：准备→熟悉工艺要求→绘制装配草图→核对元件数量、规格、型号→元件检测→元器件预加工→万能电路板装配、焊接→总装加工→自检。

具体操作过程详见 1.2.3 实训项目，图 2-26 为分压式偏置放大电路装配草图。

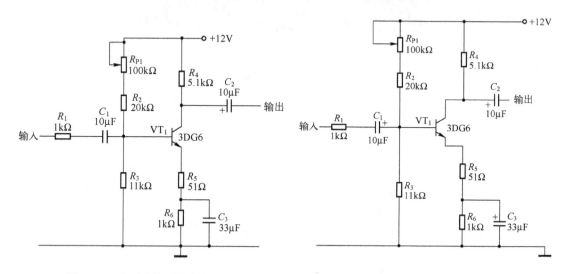

图 2-25 分压式偏置放大电路原理图　　图 2-26 分压式偏置放大电路装配草图

3）调试、测量

（1）静态工作点测量

调节 R_{P1}（100kΩ电位器），使静态工作点选在交流负载线的中点，测量所得数据填入表 2-5 中。

表 2-5　分压式偏置放大电路的测量表

V_C/V	V_E/V	V_B/V	V_{CE}/V	V_{BC}/V	I_B/mA	I_C/mA	β

（2）动态指标测量

从信号发生器输入 f=1kHz 的正弦信号，使 U_i=1V 有效值，用示波器的通道 1 观察 U_i，通道 2 观察 U_o 的波形。在表 2-6 中画出 U_i 和 U_o 的波形，比较它们的相位关系和幅值大小。

第 2 章 半导体三极管及放大电路基础

表 2-6 分压式偏置放大电路测量表

	U_i	U_o
波 形		
幅值/V		
相位关系		

4) 实训项目考核评价

完成实训项目,填写表 2-7 所列考核评价表。

表 2-7 分压式偏置放大电路安装与调试考核评价表

评价指标	评价要点	评价结果				
		优	良	中	合格	差
理论知识	1. 共集电极放大电路知识掌握情况					
	2. 装配草图绘制情况					
技能水平	1. 元件识别与清点					
	2. 实训项目工艺情况					
	3. 实训项目调试测量情况					
	4. 低频信号发生器操作掌握情况					
	5. 示波器操作熟练度,测量波形读数是否准确					
安全操作	能否按照安全操作规程操作,有无发生安全事故,有无损坏仪表					
总评	评别	优	良	中	合格	差	总评得分
		100~88	87~75	74~65	64~55	≤54	

2.3 低频功率放大器

学习目标:

① 了解低频功率放大电路的基本要求和分类,了解功放元件的安全使用知识。
② 掌握 OTL、OCL 功率放大电路的工作原理,能熟读电路图。
③ 了解交越失真的产生及克服方法。

前面章节中介绍的是电压放大电路,将小信号电压进行不失真的放大和输出,但是提供给负载的功率较小,不能直接驱动大负载工作。因此,多级放大电路的末前级和输出级一般是功率放大级,将前置电压放大级输出的信号进行功率放大。通过本节的学习,使学习者对功率放大电路的组成、各元件的作用、功率放大器的工作原理及放大器的性能有一个比较清晰的认识。

功率放大电路的主要任务是向负载提供足够大的功率,所以对功率放大电路有以下要求。

① 输出功率尽可能大。输出功率是指负载得到的信号功率,与输出的交流电压和电流的乘积成正比。要得到足够大的输出功率,则输出电压和电流都要足够大,这就要求功率放大器中的功率放大管有很大的电压和电流变化范围,对三极管的各项指标必须认真选择,且尽可能使其得到充分利用。因为功率放大电路中的三极管处在大信号极限运用状态。

② 效率要高。大功率输出要求功率放大器的能量转换效率要高,即负载得到的信号功率与直流电源提供的功率之比要大,否则浪费电能,元件发热严重,功率管的潜力得不到充分发挥。

③ 非线性失真要小。由于功率放大器是在大信号状态下工作,电压和电流摆动的幅度很大,很容易超出功率三极管的线性范围,产生非线性失真。因此,要采取措施减少失真,使之满足负载的要求。

④ 功率放大管的散热性能要好。

2.3.1 低频功率放大器

按照功率放大电路放大信号的频率范围,功率放大电路分为低频功率放大电路和高频功率放大电路。低频功率放大电路用于放大音频范围的信号,即从几十赫兹到几万赫兹。高频功率放大电路用于放大射频范围的信号,即从几百千赫兹到几十兆赫兹的信号。本节仅介绍低频功率放大电路。

1. 功率放大电路的分类

功率放大电路根据三极管的工作状态可分为:甲类、乙类和甲乙类功率放大电路三种,其工作状态如图 2-27 所示。

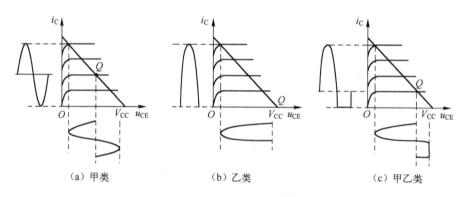

图 2-27 功率放大器工作状态

(1) 甲类功率放大电路

甲类功率放大电路的静态工作点设置在交流负载线的中点,在输入信号的整个周期内,三极管始终处在导通状态,有电流流过。甲类功率放大电路的优点是波形失真小,但是静态电流和功率损耗较大,效率较低。

(2) 乙类功率放大电路

乙类功率放大电路的静态工作点设置在交流负载线的截止点,在输入信号的整个周期内,三极管仅在半个周期内导通,有电流流过。乙类功率放大电路的功率损耗减到最少,使效率大大提高,但是非线性失真太大。

(3) 甲乙类功率放大电路

甲乙类功率放大电路的静态工作点介于甲类和乙类之间,在输入信号的整个周期内,三极管导通时间大于半个周期而小于整个周期,此时三极管有较小的静态偏流。甲乙类功率放大电路其失真情况和效率介于甲类和乙类之间。

由以上分析可知,乙类功率放大电路的三极管损耗小、效率较高,所以在低频功率放大电路中主要采用乙类或甲乙类功率放大电路。

2. 低频功率放大器的应用

由于甲乙类和乙类功率放大电路的输出波形失真大,所以在实际应用中,采用两管轮流导通的推挽电路(互补对称功率放大电路)来减小失真。也就是利用特性对称的NPN 型和 PNP 三极管在信号的正、负半周轮流工作,互相补充,以此来完成整个信号的功率放大。互补对称功率放大电路一般工作在甲乙类状态。

传统的功率放大电路中的输出变压器与负载是连接在一起的,而变压器由于体积大没法集成,且高、低频特性较差,所以在互补对称功率放大电路中没有采用输出变压器。若互补对称功率放大电路通过电容与负载连接,称为无输出变压器电路,简称 OTL (Output Transformer Less) 电路;若互补对称功率放大电路直接与负载连接,称为无输出电容电路,简称 OCL (Output Capacitor Less) 电路。

(1) 单电源互补对称功率放大电路(OTL 功率放大器)

OTL 功率放大器采用输出端耦合电容取代输出耦合变压器。图 2-28(a)所示为乙类单电源互补对称功率放大器。电路中,VT_1 和 VT_2 是 OTL 功率放大器输出管,C 是输出端耦合电容,BL_1 是扬声器。

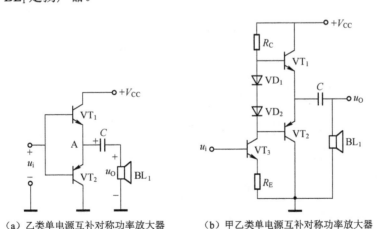

图 2-28 单电源互补对称功率放大器

静态时(u_i=0,无信号输入状态),由于电路对称,两管发射极 E 点电位为电源电压的一半，即为 $V_{CC}/2$，电容 C 上电压被充到 $V_{CC}/2$ 后，扬声器中无电流流过，因而，扬声器上电压为零。而两管的集电极与发射极之间都有 $V_{CC}/2$ 的直流电压，此时两个三极管均处于截止状态。动态时，u_i 有信号输入，负载电压 u_O 是以 $V_{CC}/2$ 为基准交流电压。当 u_i 处于正半周时，VT_1 导通，VT_2 截止，电容 C 开始充电，输出电流在负载上形成输出电压 u_O 的正半周部分。当 u_i 处于负半周时，VT_1 导通，VT_2 截止，电容 C 对 VT_2 放电，在扬声器上形成反向电流，形成输出电压 u_O 的负半周部分。这样在一个周期内，通过电容 C 的充放电，在扬声器上得到完整的电压波形。

分析时，把三极管的门限电压看做为零，但实际中，门限电压不能为零，且电压和电流的关系不是线性的。在输入电压较低时，输出电压存在着死区，此段输出电压与输入电压不存在线性关系，即产生失真。这种失真出现在通过零值处，因此它被称为交越失真，其波形如图 2-29 所示。同样，该电路的输出波形 u_O 存在交越失真，为了克服交越失真，采用甲乙类单电源互补对称功率放大电路，如图 2-28（b）所示。它是在静态时利用 VD_1 和 VD_2 两个二极管的偏置作用，给两功放管设置小数值的静态电流，使两功放管处于微导通状态，从而有效地克服了死区电压的影响。

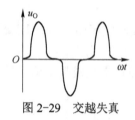

图 2-29 交越失真

从单电源互补对称功率放大电路的工作原理可以得出，电容的放电起到了负电源的作用，从而相当于双电源工作。只是输出电压的幅度减少了一半，因此，最大输出功率、效率也都相应降低。

（2）双电源互补对称功率放大电路（OCL 功率放大器）

OCL 功率放大电路是指没有输出端耦合电容的功率放大电路，如图 2-30 所示。从电路中可以看出，这一放大器电路采用正、负电源供电，即+V_{CC} 和-V_{CC}，并且是对称的正、负电源供电，也就是+V_{CC} 和-V_{CC} 的电压大小相等，这是 OCL 功率放大器电路的一个特点。

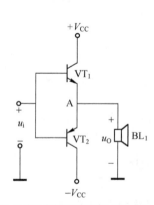 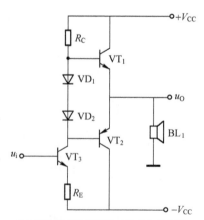

（a）乙类双电源互补对称功率放大器　　　　（b）甲乙类双电源互补对称功率放大器

图 2-30 双电源互补对称功率放大器

由于电路对称,静态时两功率管 VT_1 和 VT_2 的电流相等,所以负载扬声器中无电流通过,两管的发射极电位 $V_A=0$。它的工作原理与无输出变压器(OTL)的单电源互补对称放大电路相似。

OCL 功率放大器与 OTL 功率放大器比较具有下列特点:

① 省去了输出端耦合电容器,扬声器直接与放大器输出端相连,如果电路出现故障,功率放大器输出端直流电压异常,这一异常的直流电压直接加到扬声器上,因为扬声器的直流电阻很小,便有很大的直流电流通过扬声器,损坏扬声器是必然的。所以,OCL 功率放大器使扬声器被烧坏的可能性大大增加,这是一个缺点。在一些 OCL 功率放大器中为了防止扬声器损坏,设置了扬声器保护电路。

② 由于要求采用正、负对称直流电源供电,电源电路的结构复杂,增加了电源电路的成本。所谓正、负对称直流电源就是正、负直流电源电压的绝对值相同,极性不同。

③ 无论什么类型的 OCL 功率放大器,其输出端的直流电压等于 0V,这一点要牢记,对检修十分有用。检查 OCL 功率放大器是否出现故障,只要测量这一点的直流电压是不是为 0V,不为 0V 就说明放大器已出现故障。

2.3.2 典型集成功率放大器

集成功率放大电路是采用集成工艺将三极管和电阻等元件制作在一块硅片上的组合电路。该放大器具有使用时只要外接元件,使用和维修都很方便,成本低、体积小等优点,因此在电子产品中得到广泛的应用。本节简单介绍 LM386 型的低频功率放大器。

LM386 型的低频功率放大器是一种音频集成功放,具有自身功耗低、电增益可调、电源电压范围大、外接元件少等优点。它是三级放大电路,分别由输入级、中间级和输出级组成。输入级是双端输入-单端输出差动放大电路;中间级是共发射极放大电路;输出级是 OTL 互补对称放大电路。

图 2-31 所示为 LM386 组成的扬声器驱动电路,是集成功率放大电路的一般用法。C_1 为输出电容,调节可调电位器 R_P 可调节扬声器的音量,R 和 C_2 串联构成校正网络来进行相位补偿,R_2 用来改变电压增益,C_5 为电源滤波电容,C_4 为旁路电容。

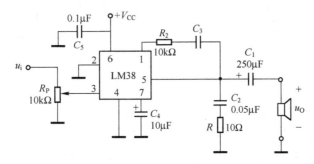

图 2-31 LM386 组成的扬声器驱动电路

2.3.3 实训项目：音频功率放大器安装与调试

1．技能目标
① 掌握基本的手工焊接技术。
② 能熟练使用示波器以及低频信号发生器。
③ 会判断并检修音频功放电路的简单故障。
④ 会安装与调试音频功放电路。
⑤ 根据原理图，能准确规划印制板线路。

2．工具、元件和仪器
① 电烙铁等常用电子装配工具。
② LM386、电阻等。
③ 万用表、示波器和低频信号发生器。

3．技能训练

LM386 的外形和引脚的排列如图 2-32 所示。引脚 2 为反相输入端，引脚 3 为同相输入端；引脚 5 为输出端；引脚 6 和 4 分别为电源和地；引脚 1 和 8 为电压增益设定端；使用时在引脚 7 和地之间接旁路电容，通常取 10μF。

LM386 的电源电压为 4～12V 或 5～18V；静态消耗电流为 4mA；电压增益为 20～200dB；在 1 和 8 脚开路时，带宽为 300kHz；输入阻抗为 50kΩ；音频功率为 0.5W。

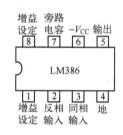

图 2-32 LM386 外形和引脚
排列图

（1）电路原理图

音频功率放大器的电路原理图如图 2-33 所示。

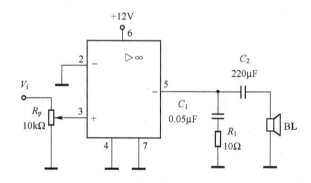

图 2-33 音频功率放大器的电路原理图

（2）装配要求和方法

工艺流程：准备→熟悉工艺要求→绘制装配草图→核对元件数量、规格、型号→元件检测→元件预加工→装配、焊接→总装加工→自检。

具体操作过程详见 1.2.3 小节实训项目，图 2-34 所示为音频功率放大器的电路装配草图。

第2章 半导体三极管及放大电路基础

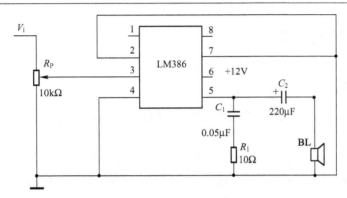

图 2-34 音频功率放大器的电路装配草图

(3) 调试、测量

① 在 V_i 处接入音频信号，听喇叭有无放大声音。

② 将低频信号发生器产生一个 30mV，1kHz 的信号，用示波器分别观察输入、输出波形，填写表 2-8。

表 2-8 音频功率放大器的电路测量表

输入波形	输出波形

4．实训项目考核评价

完成实训项目，填写表 2-9 所列考核评价表。

表 2-9 音频功率放大器电路的考核评价表

评价指标	评价要点	评 价 结 果				
		优	良	中	合格	差
理论知识	1. LM386 应用知识掌握情况					
	2. 装配草图绘制情况					
技能水平	1. 元件识别与清点					
	2. 实训项目工艺情况					
	3. 实训项目调试测量情况					
	4. 低频信号发生器操作熟练度					
	5. 示波器操作熟练度					
安全操作	能否按照安全操作规程操作，有无发生安全事故，有无损坏仪表					
总评	评别	优	良	中	合格	差	总评得分	
		100～88	87～75	74～65	64～55	≤54		

2.4 集成运算放大器

学习目标：

① 了解集成运放电路的结构及抑制零点漂移的方法，理解差模、共模和共模抑制比的概念。
② 掌握集成运放的结构、符号，了解集成运放的主要参数和特点。
③ 熟练掌握集成运算放大器在线性和非线性应用时的基本概念和分析依据。
④ 能识读理想集成运放所构成的常用电路，会分析计算输出电压值。

集成电路是将二极管、三极管、电阻、电容等元器件以及它们之间的连线同时制造在一小块半导体基片上，构成具有特定功能的电子电路，具有体积小、功耗低、性能好等优点。它可以通过外接反馈元件后组成各种函数运算电路，还可以组成各种放大器、比较器、波形发生器等。掌握集成运算放大电路的组成和分析方法、性能指标、参数、特点及主要应用是对电子工程技术人员的基本要求。

2.4.1 集成运算放大器

集成电路是 20 世纪 60 年代发展起来的一种新型电子器件。它与分立元件电路相比，具有体积小、功耗少、成本低、外部焊点少及可靠性好等特点。

集成电路按其集成度（单个芯片上能集成的元器件数目）可分为：小规模、中规模、大规模和超大规模集成电路。按其功能，集成电路可分为模拟集成电路和数字集成电路两大类。模拟集成电路用来产生、放大和处理各种模拟信号，它的种类繁多，有运算放大器、宽带放大器、功率放大器、直流稳压器电路以及电视机、收录机和其他电子设备中的专用集成电路等。其中，集成运算放大器（简称集成运放）是应用最为广泛的一种。

1. 直接耦合放大电路

直接耦合是把前级的输出端直接或通过恒压器件接到后级的输出端，图 2-35 所示为两级直接耦合放大器。直接耦合放大电路可以用来放大变化缓慢的交流信号，也可以放大直流信号。对于这些信号的放大不能使用阻容耦合或变压器耦合方式，因为直流信号或变化缓慢的信号在阻容耦合或变压器耦合中会被耦合电容的隔直作用直接隔掉，或被变压器的一次侧线圈的低阻抗短路，而且直流信号也无法传输到二次侧，所以只有采用直接耦合方式才能使直流信号逐级顺利传送。

当直接耦合放大电路处于静态时，即输入信号电压为零时，输出端的静态电压应为恒定不变的稳定值。但是在直流放大电路中，即使输入信号电压为零，输出电压也会偏离稳定值而发生缓慢的、无规则的变化，这种现象叫做零点漂移，简称零漂。如图 2-35 （b）所示为直接耦合放大电路，即使将输入端短路，在其输出端也会有变化缓慢的电压输出，即 $\Delta U_\mathrm{i}=0$，$\Delta U_\mathrm{O} \neq 0$。

第 2 章 半导体三极管及放大电路基础

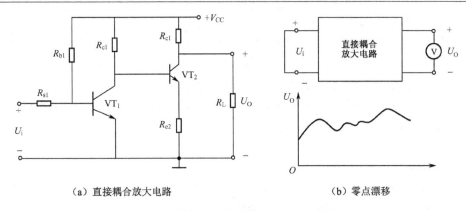

(a) 直接耦合放大电路　　　　　　　　　(b) 零点漂移

图 2-35　直接耦合放大电路及其零点漂移现象

引起零点漂移的原因很多，如三极管参数随温度的变化、电源电压的波动、电路元件参数的变化等，其中温度变化是产生零漂的最主要的原因，因此，也称为温度漂移。

在多级放大电路中，第一级的零漂经过后面各级逐级放大，以致影响整个放大电路的工作。所以对于多级放大电路而言，零漂的大小主要取决于第一级的零漂和放大倍数，通常把对应于温度每变化 1℃在放大电路输出端的漂移电压折合到输入端的等效漂移电压作为一项衡量指标，以此来确定放大电路的灵敏界限。

2．差动放大电路

抑制零漂的方法有多种，如采用温度补偿电路、稳压电源以及精选电路元件等方法。最有效且广泛采用的方法是输入级采用差动放大电路。差动放大电路是直接耦合放大电路的一种基本形式，它是集成运算放大器内电路的主要组成部分。

1）电路组成

图 3-36 所示是一个基本差动放大电路，它由完全相同的两个共发射极单管放大电路组成，要求两个晶体管特性一致，两侧电路参数对称。电路有两个输入端和两个输出端，当输入信号从某个管子的基极与"地"之间加入，称为单端输入，如 u_{i1}，u_{i2}；而输入信号从两个基极之间加入，称为双端输入，如 u_i，有 $u_i = u_{i1} - u_{i2}$。若输出电压从某个管子的集电极和"地"之间取出，称为单端输出，如 u_{O1}，u_{O2}；而输出电压从两集电极之间取出，称为双端输出如 u_O，显然 $u_O = u_{O1} - u_{O2}$。差动放大电路没有耦合电容，是直接耦合放大电路。

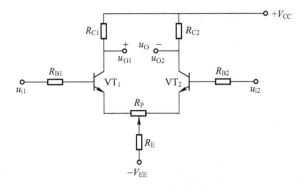

图 2-36　基本差动放大电路

2）抑制零点漂移的原理

当没有输入信号时，即 $u_{i1}=u_{i2}=0$ 时，由于电路完全对称，这时两个三极管的集电极电流相等，即 $I_{C1}=I_{C2}$，故 $U_{C1}=U_{C2}$，则 $u_O=u_{O1}-u_{O2}=0$。当温度发生变化时，两个三极管的集电极电位也会随之而变化，因为电路对称，两个三极管中的变化量相等，即 $\Delta I_{C1}=\Delta I_{C2}$，则 $\Delta U_{C1}=\Delta U_{C2}$，所以输出 u_O 仍为零。由此可见，基本差动放大电路利用电路的对称性来抑制零点漂移。

3）输入信号

（1）共模输入

差动电路的两个输入端各加上大小相等、极性相同的电压信号，这种输入信号称为共模输入。若用 u_{ic} 表示共模输入信号，此时 $u_{i1}=u_{i2}=u_{ic}$，则有 $u_{ic}=(u_{i1}+u_{i2})/2$。在共模信号作用下，由于电路参数对称，两管集电极电流的变化是大小相等、方向相同，故两管集电极输出电压变化也相等，即 $u_{O1}=u_{O2}$，因此输出端 $u_O=u_{O1}-u_{O2}=0$。

这说明，差动放大电路对共模输入信号没有放大作用，它对零点漂移起抑制作用。共模电压放大倍数为

$$A_{uc}=\frac{u_O}{u_{ic}}=0 \qquad (2-20)$$

（2）差模输入

差动电路的两个输入端各加上大小相等、极性相反的电压信号 u_{i1} 和 u_{i2}，这种输入方式称为差模输入。若用 u_{id} 表示差模输入信号，此时 $u_{i1}=u_{id1}$，$u_{i2}=u_{id2}=-u_{id1}$，则 $u_{i1}=-u_{i2}=\frac{1}{2}u_{id}$。在差模输入信号作用下，差动放大电路一个三极管的集电极电流增加，而另一个三极管的集电极电流减少，使两三极管集电极输出电压以相反方向变化，即 $u_{O1}=-u_{O2}$。在两个输出端将有一个放大了的输出电压 u_O，则 $u_O=u_{O1}-u_{O2}=2u_{O1}\neq 0$。

可见，在差模输入信号作用下，差动放大电路的输出电压为两管各自输出电压变化量的两倍。这说明，差动放大电路对差模输入信号有放大作用。

差模电压放大倍数与共发射极单管放大电路电压放大倍数相同，即

$$A_{ud}=\frac{u_O}{u_{id}}=\frac{2u_{O1}}{2u_{O2}}=-\frac{\beta R_L'}{R_B+r_{be}} \qquad (2-21)$$

式（2-21）中，$R_L'=R_C//(R_L/2)$。

差模输入电阻：

$$r_{id}=2(R_B+r_{be}) \qquad (2-22)$$

差模输出电阻：

$$r_o=2r_{o1}=2R_C \qquad (2-23)$$

（3）比较输入

两个输入信号电压的大小和极性是任意的，它们既非共模，也非差模，这种输入信号称为比较输入。比较输入信号在自动控制系统中是常见的。

第2章 半导体三极管及放大电路基础

比较输入信号分解成一对共模信号和一对差模信号的组合,分别作用于差动放大电路,即

$$u_{i1} = u_{ic1} + u_{id1} \tag{2-24}$$

$$u_{i2} = u_{ic2} + u_{id2} \tag{2-25}$$

其中,$u_{ic1} = u_{ic2}$ 为共模信号,$u_{id1} = -u_{id2}$ 为差模信号,则推得

$$u_{ic1} = u_{ic2} = \frac{1}{2}(u_{i1} + u_{i2}) \tag{2-26}$$

$$u_{id1} = -u_{id2} = \frac{1}{2}(u_{i1} - u_{i2}) \tag{2-27}$$

例如,比较输入信号 $u_{i1} = 8\text{mV}$,$u_{i2} = -4\text{mV}$,则共模信号为 $u_{ic} = 2\text{mV}$,差模信号为 $u_{id} = 6\text{mV}$。

将比较输入信号作用于差动放大电路,其结果根据叠加定理求得在信号作用下的输出电压为

$$u_{O1} = A_c u_{ic} + A_d u_{id} \tag{2-28}$$

$$u_{O2} = A_c u_{ic} - A_d u_{id} \tag{2-29}$$

$$u_O = u_{O1} - u_{O2} = 2A_d u_{id} = A_d(u_{i1} - u_{i2}) \tag{2-30}$$

由式(2-30)可以看出,输出电压的大小与信号本身的大小无关,而是与输入信号电压的偏差值有关。

4)共模抑制比

对于差动放大电路而言,差模信号是有用信号,要求对其有较大的放大倍数;而共模信号则是干扰信号,需要抑制,因此对共模信号来说,它的放大倍数越小越好。为了衡量差动放大电路抑制共模信号和放大差模信号的能力,引入共模抑制比 K_{CMR}。共模抑制比 K_{CMR} 的定义为:放大电路对差模信号的电压放大倍数 A_d 和对共模信号的电压放大倍数 A_c 之比的绝对值,即

$$K_{CMR} = \left| \frac{A_d}{A_c} \right| \tag{2-31}$$

或用对数形式表示:

$$K_{CMR} = 20\lg \left| \frac{A_d}{A_c} \right| \quad (\text{dB}) \tag{2-32}$$

差模电压放大倍数越大,共模电压放大倍数越小,则共模抑制能力越强,放大电路的性能越优良,也就是说,希望 K_{CMR} 的值越大越好。

3. 集成运算放大电路

1)集成运放的特点

集成运放是一种有高电压放大倍数、高输入电阻和低输出电阻的多级直接耦合放大电路。由于制造工艺的原因,集成运放电路具有以下特点:

① 集成运放采用直接耦合方式，是高质量的直接耦合放大电路。

② 集成运放采用差动放大电路克服零点漂移。由于在很小的硅片上制作很多元件，所以可使元件的特性达到非常好的对称性，加之采用其他措施，集成运放的输入级具有高输入电阻、高差模放大倍数、高共模抑制比等良好性能。

③ 用有源元件取代无源元件。用电流源电路提供各级静态电流，并以恒流源替代大阻值电阻。

④ 采用复合管以提高电流放大倍数。

2）集成运放的组成及各部分的作用

集成运放有两个输入端，一个称为同相输入端，一个称为反相输入端；一个输出端；符号如图 2-37（a）所示。图 2-37 中，"▷" 表示运算放大器的传输方向；"∞" 表示开路增益极高；带"-"号的输入端称为反相输入端，当信号由此端与"地"之间输入时，输出信号与输入信号相位相反；带"+"号的输入端称为同相输入端，当信号由此端与"地"之间输入时，输出信号与输入信号相位相同。集成运算放大器有三种输入方式：同相输入、反相输入和差动输入。

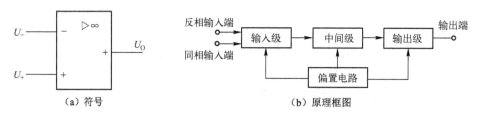

图 2-37 集成运放的符号及原理框图

集成运放内部电路由四个部分组成，包括输入级、中间级、输出级和偏置电路，如图 2-37（b）所示。

（1）输入级

输入级又称前置级，它有同相和反相两个输入端。输入级通常由差动放大电路构成，目的是为了减小放大电路的零点漂移、提高输入阻抗和放大电压倍数。输入级的好坏影响着集成运放的大多数参数。

（2）中间级

中间级是整个电路的主放大器，它是由共发射极放大电路构成的，目的是为了获得较高的电压放大倍数。中间级一般由多级放大电路组成，并以恒流源取代集电极电阻来提高电压放大倍数，其电压放大倍数可达千倍以上。

（3）输出级

输出级由互补对称电路构成，具有输出电压范围宽、输出电阻小、有较强的带负载能力、非线性失真小等特点。大多数集成运放的输出级采用准互补输出电路。

（4）偏置电路

偏置电路一般由各种恒流源电路构成，向集成运放各级电路提供稳定、合适的偏置电流，决定各级的静态工作点。与分立元件电路不同，它采用电流源电路为各级提供合适的集电极静态电流,从而确定合适的管压降,以便得到合适的静态工作点。理想的集成运放,当同相输入端与反向输入端同时接地时,输出电压为0V。

4. 集成运放的主要参数

为了合理地选用和正确使用集成运放,必须了解表征其性能的主要参数(或称技术指标)的意义。

(1) 开环差模电压放大倍数 A_{uo}

集成运放不外接反馈电路,输出不接负载时测出的差模电压放大倍数,称为开环差模电压放大倍数 A_{uod}。此值越高,所构成的运算电路越稳定,运算精度也越高。A_{uo} 一般为 $10^4 \sim 10^7$,即 $80 \sim 140 \mathrm{dB}$。

(2) 输入失调电压 U_{Io}

理想的集成运算放大器,将反相输入端和同相输入端同时接地时,输入电压为零,输出电压也应为零。但在实际的集成运放中,由于元件参数不对称等原因,输出电压并不为零。如果这时要使 $U_O = 0$,则必须在输入端加一个很小的补偿电压,它就是输入失调电压 U_{Io}。其值一般为几微伏至几毫伏,显然它越小越好。

(3) 输入失调电流 I_{Io}

当输入信号为零时,集成运放两个输入端的静态基极电流之差,称为输入失调电流。I_{Io} 一般为零点几微安级,其值越小越好。

(4) 最大输出电压 U_{OPP}

指集成运放在额定电源电压和额定负载下,不出现明显的非线性失真情况下能输出的最大电压峰值。它与集成运放的电源电压有关。

(5) 输入偏置电流 I_B

输入信号为零时,两个输入端静态基极电流的平均值,称为输入偏置电流,即 $I_B = \dfrac{I_{B1} + I_{B2}}{2}$。它的大小与集成运放的输入电阻有关,一般为零点几微安级,其电流值越小越好。

(6) 最大共模输入电压 U_{ICM}

U_{ICM} 是指允许加在输入端的最大共模输入电压。如果实际的共模信号的电压大于此电压值时,运算放大器的共模抑制能力就会迅速下降,输入级不能正常工作,甚至损坏器件。一般最大共模输入电压值为几伏至二十几伏。

除了上述参数以外,集成运放还有其他参数,使用时可以查阅相关资料。

5. 理想运算放大器

尽管集成运放的应用是多种多样的,但是其工作区域只有两个。在电路中,它不是工作在线性区,就是工作在非线性区。而且,在一般分析计算中,都将其看成是一个理想运算放大器。

1) 理想运算放大器的概念

所谓理想运算放大器(简称理想运放)就是将各项技术指标都理想化的集成运放,一般认为理想化的特点如下:

① 开环差模电压放大倍数无穷大,即 $A_{uo} \to \infty$;

② 差模输入电阻无穷大，即 $r_{id} \to \infty$；

③ 开环输出电阻为零，即 $r_O = 0$；

④ 共模抑制比无穷大，即 $K_{CMR} \to \infty$；

⑤ 输入偏置电流为零，即 $I_{B1} = I_{B2} = 0$。

2）集成运放的传输特性

表示输出电压与输入电压之间关系的特性曲线称为传输特性曲线，如图 2-38 所示。集成运算放大器可工作在线性区，也可工作在非线性区（饱和区），但分析方法不同。

（1）线性区

当运算放大器工作在线性区时，输出电压与输入电压之间的关系为

$$u_O = A_{uo}(u_+ - u_-) \tag{2-33}$$

式（2-33）中，由于开环电压放大倍数 A_{uo} 很大，即使输入毫伏级以下电压信号，也足以使输出电压 U_O 饱和，其饱和值 $+U_{OM}$ 和 $-U_{OM}$ 接近正、负电源电压值。所以，只有引入深度负反馈后，才能保证输出在线性区域，如图 2-39 所示。

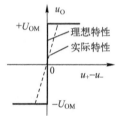
图 2-38 集成运放的传输特性曲线

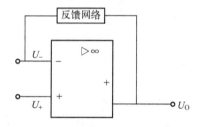
图 2-39 集成运放工作在线性区

理想运算放大器工作在线性区时，有两个重要的分析依据：

① 虚短。集成运放工作在线性区，由于 $A_{uo} \to \infty$，其输出电压 U_O 是有限值，根据式（2-33）可得

$$u_+ - u_- = \frac{u_O}{A_{uo}} \approx 0$$

所以

$$u_+ \approx u_- \tag{2-34}$$

式（2-34）中，反相输入端电位和同相输入端电位相等，两个输入端之间近似于短路又不是真正的短路，故称为"虚短"。若信号从反相输入端输入，而同相输入端接地，则 $u_+ \approx u_- = 0$，即反相输入端的电位为地电位，通常称为"虚地"。

② 虚断。理想集成运放输入电阻 $r_{id} \to \infty$，故认为两个输入端的输入电流为零，即

$$i_+ = i_- \approx 0 \tag{2-35}$$

式（2-35）中两个输入端没有电流流入运算放大器内部，输入电流好像断开一样，故称为"虚断"。

（2）非线性区

集成运算放大器工作在非线性区时，输出电压只有两种可能：

当 $u_i > 0$，即 $u_+ > u_-$ 时，$u_O = +U_{OM}$；

当 $u_i < 0$，即 $u_+ < u_-$ 时，$u_O = -U_{OM}$。

此时，"虚短"原则不成立，$u_+ \neq u_-$；"虚断"原则仍然成立，即有 $i_+ = i_- \approx 0$。

"虚短"和"虚断"原则简化了集成运算放大器的分析过程。由于许多应用电路中集成运算放大器都工作在线性区，因此，上述两条原则极其重要，应牢固掌握。

2.4.2 集成运算放大器的基本运算电路

集成运算放大器引入不同的反馈电路和元件，可以使输入和输出之间具有某种特定的函数关系，如比例、加减、积分、微分等各种运算电路。

1. 反相比例运算电路

反相比例运算电路如图 2-40 所示，输入信号 u_i 从反相输入端与地之间加入，R_F 是反馈电阻，接在输出端和反相输入端之间，将输出电压 u_O 反馈到反相输入端，实现负反馈。R_1 是输入耦合电阻，R_P 是补偿电阻（也叫平衡电阻），$R_P = R_1 // R_F$，使同相端与反相端外接电阻相等，以保证运放输入级处于平衡对称的工作状态，从而减小零点漂移和抑制干扰信号。

图 2-40 中，根据运放放大器工作在线性区时的两条分析依据（$u_+ \approx u_- = 0$，$i_+ = i_- \approx 0$）可得

$$i_1 = i_f + i_- \approx i_f$$

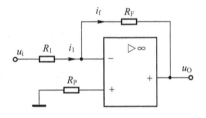

图 2-40 反相比例运算电路原理图

又因为
$$i_1 = \frac{u_i - u_-}{R_1} = \frac{u_i}{R_1}$$

$$i_f = \frac{u_- - u_O}{R_F} = -\frac{u_O}{R_F}$$

即
$$\frac{u_i}{R_1} = -\frac{u_O}{R_F}$$

因此输出电压与输入电压的关系为

$$u_O = -\frac{R_F}{R_1} u_i \tag{2-36}$$

由上述分析可得其电压放大倍数为

$$A_{uf} = \frac{u_O}{u_i} = \frac{-R_F i_f}{R_1 i_1} = -\frac{R_F}{R_1} \tag{2-37}$$

可见输出电压与输入电压存在着比例关系，比例系数为 $\frac{R_F}{R_1}$，负号表示输出电压与输入电压相位相反。只要开环放大倍数 A_{uo} 足够大，那么闭环放大倍数 A_{uf} 就与运算电路的参数无关，只决定于电阻 R_F 与 R_1 的比值。故该放大电路通常称为反相比例运算电路。

当 $R_F = R_1$ 时，则 $u_O = -u_i$，输出电压与输入电压大小相等、相位相反，称之为反相器。

典型例题分析

【**例题 2-4**】 有一反相比例电路如图 2-40 所示,已知 $u_i = 0.3\text{V}$,$R_1 = 10\text{k}\Omega$,$R_F = 100\text{k}\Omega$,试求输出电压 u_O 及平衡电阻 R_P。

解:(1)根据式(2-36)可得

$$u_O = -\frac{R_F}{R_1}u_i = -\frac{100}{10}\times 0.3 = -3\text{ V}$$

(2)平衡电阻 R_P

$$R_P = R_1 /\!/ R_F = \frac{10\times 100}{10+100} = 9.09\text{k}\Omega$$

2. 同相比例运算电路

同相比例运算电路如图 2-41 所示,输入信号电压 u_i 经外接电阻 R_P 接入同相输入端,输出端与反相输入端之间接有反馈电阻 R_1 与 R_F,形成电压串联负反馈,使运放工作在线性区,则 $u_+ \approx u_- = u_i$,$i_+ = i_- \approx 0$,由电路原理图得出:

$$i_1 = i_f + i_- \approx i_f$$

又因为

$$i_1 = \frac{0-u_-}{R_1} = -\frac{u_i}{R_1}$$

$$i_f = \frac{u_- - u_O}{R_F} = \frac{u_i - u_O}{R_F}$$

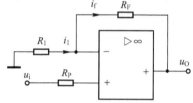

图 2-41 同相比例运算电路原理图

即

$$-\frac{u_i}{R_1} = \frac{u_i - u_O}{R_F}$$

因此输出电压与输入电压的关系为

$$u_O = \left(1+\frac{R_F}{R_1}\right)u_i \tag{2-38}$$

由上述分析可得其电压放大倍数为

$$A_{uf} = \frac{u_O}{u_i} = 1 + \frac{R_F}{R_1} \tag{2-39}$$

可见输出电压与输入电压也存在着比例关系,比例系数为 $\left(1+\dfrac{R_F}{R_1}\right)$,而且输出电压与输入电压相位相同。只要开环放大倍数 A_{uo} 足够大,那么闭环放大倍数 A_{uf} 就与运算电路的参数无关,只决定于电阻 R_1 与 R_F。故该放大电路通常称为同相比例运算电路。

当 $R_F = 0$ 或 $R_1 \to \infty$ 时,则 $u_O = u_i$,即这时输出电压跟随输入电压作相同的变化,称之为电压跟随器。

典型例题分析

【**例题 2-5**】 试求图 2-42 所示电路中输出电压 U_O 的值。

解: 分析电路可知,该电路是一个电压跟随器,它是同相比例放大器的特例。所以输出电压与输入电压大小相等、相位相同。即

$$U_O = U_i = -4\text{V}$$

3. 加法运算电路(加法器)

如果在反相比例运算放大电路基础上多加了几个输入端,就构成反相加法运算电路,如图 2-43 所示。还有一种是在同相比例运算放大电路基础上多加了几个输入端,构成同相加法运算电路的,这里介绍的是反相加法运算电路。R_1、R_2 为输入电阻,R_P 为平衡电阻,其值 $R_P = R_1 // R_2 // R_F$。

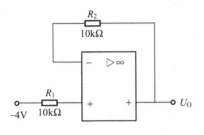

图 2-42 例题 2-5 图

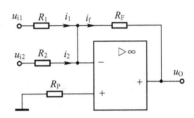

图 2-43 加法运算电路原理图

根据运放放大器工作在线性区时的两条重要分析依据($u_+ \approx u_- = 0$,$i_+ = i_- \approx 0$)可得

$$i_1 + i_2 = i_f + i_- \approx i_f$$

又因为

$$i_1 = \frac{u_{i1} - u_-}{R_1} = \frac{u_{i1}}{R_1}$$

$$i_2 = \frac{u_{i2} - u_-}{R_2} = \frac{u_{i2}}{R_2}$$

$$i_f = \frac{u_- - u_O}{R_F} = -\frac{u_O}{R_F}$$

即

$$\frac{u_{i1}}{R_1} + \frac{u_{i2}}{R_2} = -\frac{u_O}{R_F}$$

因此,输出电压与输入电压的关系为

$$u_O = -\frac{R_F}{R_1}u_{i1} - \frac{R_F}{R_2}u_{i2} = -\left(\frac{R_F}{R_1}u_{i1} + \frac{R_F}{R_2}u_{i2}\right) \quad (2\text{-}40)$$

当 $R_1 = R_2 = R_F$ 时,则

$$u_O = -(u_{i1} + u_{i2}) \quad (2\text{-}41)$$

式(2-41)表明,反相加法运算电路的输出电压为各输入信号电压之和,由此完成加法运算。式中的负号表示输出电压与输入电压相位相反。若在同相输入端求和,则输出电压与输入电压相位相同。

典型例题分析

【例题 2-6】 一个测量系统的输出电压和某些输入信号的数值关系为 $u_O = -(2u_{i1} + u_{i2} + 4u_{i3})$，试选择图 2-44 所示电路中各输入电路的电阻和平衡电阻，设 $R_F = 100\text{k}\Omega$。

解：由式（2-37）可得

$$R_1 = \frac{R_F}{2} = \frac{100}{2} = 50\text{k}\Omega$$

$$R_2 = \frac{R_F}{0.5} = \frac{100}{0.5} = 200\text{k}\Omega$$

$$R_3 = \frac{R_F}{4} = \frac{100}{4} = 25\text{k}\Omega$$

$$R_P = R_1 // R_2 // R_3 // R_F \approx 13.3\text{k}\Omega$$

4．差动比例（减法）运算电路

如果把输入信号同时加到反相输入端和同相输入端，则为差动输入，如图 2-45 所示。使反相比例运算和同相比例运算同时进行，集成运算放大器的输出电压叠加后，即是减法运算结果。

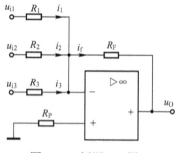
图 2-44 例题 2-6 图

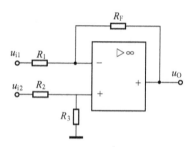
图 2-45 减法运算电路

u_{i1} 单独作用时为反相比例运算电路，输出电压为

$$u_{O1} = -\frac{R_F}{R_1} u_{i1}$$

u_{i2} 单独作用时为同相比例运算电路，输出电压为

$$u_{O2} = \left(1 + \frac{R_F}{R_1}\right) \frac{R_3}{R_2 + R_3} u_{i2}$$

u_{i1} 和 u_{i2} 共同作用时，输出电压为

$$u_O = u_{O1} + u_{O2} = -\frac{R_F}{R_1} u_{i1} + \left(1 + \frac{R_F}{R_1}\right) \frac{R_3}{R_2 + R_3} u_{i2} \tag{2-42}$$

当 $R_1 = R_2$，且 $R_F = R_3$ 时，则

$$u_O = \frac{R_F}{R_1}(u_{i2} - u_{i1}) \tag{2-43}$$

当 $R_3 = \infty$ （断开）时，则

$$u_O = -\frac{R_F}{R_1}u_{i1} + \left(1 + \frac{R_F}{R_1}\right)u_{i2} \tag{2-44}$$

当 $R_1 = R_2 = R_3 = R_F$ 时，则

$$u_O = u_{i2} - u_{i1} \tag{2-45}$$

式（2-45）说明，该电路的输出电压与两个输入电压之差成正比，因此该电路称为减法比例运算电路，又称为差动输入电路。

典型例题分析

【**例题 2-7**】 试写出图 2-46 所示电路中输出电压和输入电压的关系式。

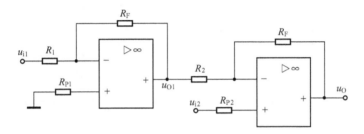

图 2-46 例题 2-7 图

解：该电路由第一级的反相器和第二级的减法运算电路级联而成。

根据运放放大器工作在线性区时的两条重要分析依据，第一级的输出电压为

$$u_{O1} = -\frac{R_F}{R_1}u_{i1}$$

第一级的输出电压又作为第二级减法运算电路的输入，求得第二级的输出电压为

$$u_O = -\frac{R_F}{R_2}u_{O1} + \left(1 + \frac{R_F}{R_2}\right)u_{i2}$$

$$= \frac{R_F^2}{R_1 R_2}u_{i1} + \left(1 + \frac{R_F}{R_2}\right)u_{i2}$$

5．积分运算电路

在反相比例运算电路的基础上，用 C_F 代替 R_F 作为反馈元件，就构成了积分运算电路，如图 2-47 所示。

根据运放放大器工作在线性区时的两条重要分析依据（$u_+ \approx u_- = 0$，$i_+ = i_- \approx 0$）可得

$$i_R = i_C$$

由图 2-47 可得

$$i_R = \frac{u_i}{R}, \quad i_C = -C_F\frac{du_O}{dt}$$

由此可得

$$u_O = -u_C = -\frac{1}{C_F}\int i_C dt = -\frac{1}{RC_F}\int u_i dt \quad (2\text{-}46)$$

输出电压与输入电压对时间的积分成正比。若 u_i 为恒定电压 U 时，则输出电压 u_O 为

$$u_O = -\frac{U}{RC_F}t \quad (2\text{-}47)$$

u_i 为恒定电压 U 时积分电路输出电压 u_O 的波形如图 2-48 所示，最后达到负饱和值 $-U_{OM}$。积分电路中，由于充电电流基本上恒定，所以输出电压是时间 t 的一次函数，即线性关系。

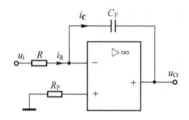
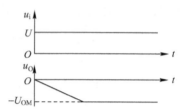

图 2-47 积分运算电路　　　　　图 2-48 积分电路输出电压的波形的阶跃响应

6. 微分运算电路

微分运算是积分运算的逆运算，只要将积分运算电路中的反相输入端的电阻和反馈电容互换位置，就构成了微分运算电路，如图 2-49 所示。

根据运放放大器工作在线性区时的两条重要分析依据（$u_+ \approx u_- = 0$，$i_+ = i_- \approx 0$）可得

$$i_R = i_C$$

由图 2-49 可得

$$i_R = -\frac{u_O}{R}, \quad i_C = C\frac{du_C}{dt} = C\frac{du_i}{dt}$$

由此可得

$$u_O = -RC\frac{du_i}{dt}$$

通过以上分析可见，输出电压与输入电压对时间的微分成正比。若 u_i 为恒定电压 U 时，在其作用电路的瞬间，微分电路就会输出一个尖脉冲电压，波形如图 2-50 所示。

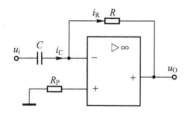
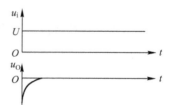

图 2-49 微分运算电路　　　　　图 2-50 微分电路的阶跃响应

2.4.3 放大电路的负反馈

1. 反馈的基本概念

反馈就是将放大电路输出信号（电压或电流）的一部分或全部，通过某种电路（反馈电路）送回到输入回路，与输入信号比较，从而影响输入信号的过程。在放大电路中引入适当的反馈，可以改善放大电路的性能，实现有源滤波及模拟运算，也可以构成各种振荡电路等。

反馈至输入回路的信号称为反馈信号。根据反馈信号对输入信号作用的不同，反馈可分为正反馈和负反馈两大类型。反馈信号增强输入信号的叫做正反馈，反馈信号削弱输入信号的叫做负反馈。

如图 2-51 所示为负反馈放大电路的原理框图，它由基本放大电路、反馈网络和比较环节这三部分组成。基本放大电路由单级或多级组成，完成信号从输入端到输出端的正向传输。反馈网络一般由电阻元件组成，完成信号从输出端到输入端的反向传输，即通过它来实现反馈。图 2-51 中，箭头表示信号的传输方向，x_i 表示外部输入信号、x_o 表示输出信号、x_f 表示反馈信号，比较环节实现外部输入信号与反馈信号的叠加，以得到净输入信号 x_d，即 $x_d = x_i - x_f$。

设基本放大电路的放大倍数为 A，反馈网络的反馈系数为 F，则由图 2-51 可得

$$x_d = x_i - x_f$$

$$x_o = A x_d$$

$$x_f = F x_o$$

反馈放大电路的放大倍数为

$$A_f = \frac{x_o}{x_i} = \frac{x_o}{x_d + x_f} = \frac{A}{1 + AF}$$

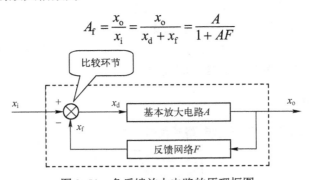

图 2-51 负反馈放大电路的原理框图

通常称 A_f 为反馈放大电路的闭环放大倍数，A 为开环放大倍数，$1+AF$ 为反馈深度，它反应了负反馈的程度。

2. 反馈的类型和判别方法

放大电路中是否引入反馈和引入不同形式的反馈，对放大电路的性能影响是有很大区别的。因此，在具体分析反馈放大电路之前，首先要搞清楚是否有反馈，反馈量是直流还是交流？是电压还是电流？反馈至输入端后与输入信号是如何叠加的？是加强了原输入信号还是削弱了原输入信号？下面我们从定性的角度研究这几个问题。

（1）正反馈与负反馈

判断放大电路中引入的是正反馈还是负反馈，通常采用"瞬时极性法"来辨别。三极管和集成运算放大器的瞬时极性如图 2-52 所示。三极管的基极和发射极极性相同，而与集电极的瞬时极性相反。集成运算放大器的同相输入端与输出端瞬时极性相同，但是反相输入端与输出端的瞬时极性相反。

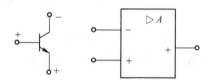

图 2-52　三极管与运算放大器的瞬时极性

（2）直流反馈与交流反馈

反馈信号中只含直流成分的称直流反馈；只含交流成分的，则称交流反馈。但是，在很多情况下，交、直流反馈是同时存在的。直流反馈仅对放大电路的直流性能（如静态工作点）有影响；交流反馈则只对其交流性能有影响（如放大倍数、输入电阻、输出电阻等）；而交、直流反馈则对二者均有影响。判断反馈的交、直流性质，只须判断反馈网络的交、直流通路即可。

（3）电压反馈与电流反馈

若反馈信号为输出电压，则称为电压反馈；若反馈信号为输出电流，则称电流反馈。电压反馈时，反馈网络与基本放大电路在输出端并联连接；电流反馈时，反馈网络与基本放大电路在输出端串联连接。

（4）串联反馈与并联反馈

反馈信号与输入信号在输入回路中串联连接，称为串联反馈；并联连接的则称并联反馈。一般地，在放大电路中引入串联负反馈，可以使放大电路的输入电阻增大；引入并联负反馈，则可以使放大电路的输入电阻减小。 反馈元件直接与输入端相接的是并联反馈，反馈元件间接与输入端相接的是串联反馈。

典型例题分析

【例题 2-8】　判断图 2-53 所示电路的反馈极性。

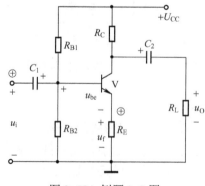

图 2-53　例题 2-8 图

【解题思路】 设基极输入信号 u_i 的瞬时极性为正，则发射极反馈信号 u_f 的瞬时极性也为正，发射结上实际得到的信号 u_{be}（净输入信号）与没有反馈时相比减小了。

【解题结果】 图示电路的反馈信号削弱了输入信号的作用，所以电路为负反馈。

【例题 2-9】 判断图 2-54 所示电路的反馈极性。

【解题思路】 设输入信号 u_i 瞬时极性为正，则 u_O 的瞬时极性为正，经 R_F 返送回反相输入端，反馈信号 u_f 的瞬时极性为正，u_i 与没有反馈时相比减小了，即反馈信号削弱了输入信号的作用，故为负反馈。将输出端交流短路，R_F 直接接地，反馈电压 $u_f = 0$，即反馈信号消失，故为电压反馈。输入信号 u_i 加在集成运算放大器的同相输入端和地之间，而反馈信号 u_f 加在集成运算放大器的反相输入端和地之间，不在同一点，故为串联反馈。

【解题结果】 通过以上分析，图 2-54 所示电路为电压串联负反馈。

【例题 2-10】 判断图 2-55 所示电路的反馈极性。

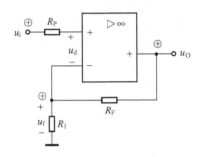

图 2-54　例题 2-9 图

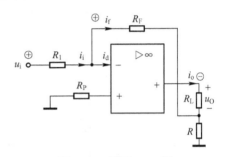

图 2-55　例题 2-10 图

【解题思路】 设输入信号 u_i 瞬时极性为正，则 u_O 的瞬时极性为负，i_f 的方向与图示参考方向相同，即 i_f 瞬时极性为正，i_d 与没有反馈时相比减小了，即反馈信号削弱了输入信号的作用，故为负反馈。将输出端交流短路，则 $u_O = 0$，但是 i_o 仍随着输入信号而改变，在 R 上仍有反馈电压产生，故判定不是电压反馈，而是电流反馈。i_i 加在集成运算放大器的反相输入端和地之间，而 i_f 也加在集成运算放大器的反相输入端和地之间，在同一点，故为并联反馈。

【解题结果】 通过以上分析，图 2-55 所示电路为电流并联负反馈。

注意：判断反馈类型时，电压反馈或电流反馈是对输出端反馈取样而言的，串联反馈还是并联反馈反馈是对输入信号与反馈信号在输入端的连接方式而言的。

2.4.4　实训项目：比例运算放大器安装与调试

1. 技能目标

① 熟悉四种比例运算放大器的电路特点。
② 学会使用低频信号发生器。
③ 能用示波器观察输入、输出波形。
④ 能安装、调试比例运算放大器。

2. 工具、元件和仪器

① 常用电子装配工具。

② 万用表

③ LM324 等。

3．相关知识

LM324 内部包括有四个独立的、高增益、内部频率补偿的运算放大器，其引脚如图 2-56 所示。LM324 适合于电源电压范围很宽的单电源工作模式，也适用于双电源工作模式，在推荐的工作条件下，电源电流与电源电压无关。它的使用范围包括传感放大器、直流增益模块和其他所有可用单电源供电的使用运算放大器的场合。

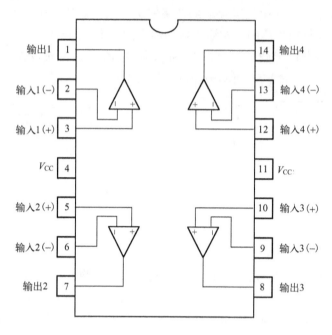

图 2-56　LM324 引脚图

4．技能训练

（1）电路原理图

比例运算放大器安装与调试电路原理图如图 2-57 所示。

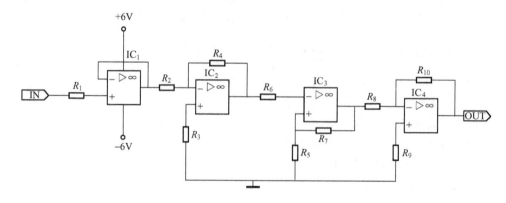

图 2-57　比例运算放大器安装与调试电路原理图

本电路采用正、负两极电源供电（±6V）。

第一级为电压跟随器，电压跟随器具有输入电阻大、输出电阻小的特点；

第二级为反相比例运算放大器，起电压放大作用，电压放大倍数为-20倍；

第三级为正相比例运算放大器，同样起放大作用，电压放大倍数为6.1倍；

第四级为反相器，具有输出电阻小，输入、输出反相的特点。

（2）装配要求和方法

工艺流程：准备→熟悉工艺要求→绘制装配草图→核对元件数量、规格、型号→元件检测→元件预加工→装配、焊接→总装加工→自检。

具体操作过程详见1.2.3实训项目，表2-10为比例运算放大器元件清单。

表2-10 比例运算放大器元件清单

代号	名称	规格	代号	名称	规格
R_1	碳膜电阻	510Ω	R_7	碳膜电阻	5.1kΩ
R_2	碳膜电阻	1kΩ	R_8	碳膜电阻	1kΩ
R_3	碳膜电阻	1kΩ	R_9	碳膜电阻	510Ω
R_4	碳膜电阻	20kΩ	R_{10}	碳膜电阻	1kΩ
R_5	碳膜电阻	1kΩ	IC	集成电路	LM324
R_6	碳膜电阻	750Ω	14p集成电路管座		

（3）调试、测量

① 调节低频信号发生器，输出信号为1kHz，50mV正弦波，并与运算放大器输入端相连。

② 使用双通道示波器测量各级比例输入放大器，并读取输入、输出电压波形，计算电压放大倍数，填写表2-11。

表2-11 比例运算放大器测量表

测量电路	输入电压	输出电压	电压放大倍数	相位差
电压跟随器				
反相比例放大器				
同相比例放大器				
反相器				
电路合成				

（4）实训项目考核评价

完成实训项目，填写表2-12所列实训项目考核评价表。

表 2-12 比例运算放大器考核评价表

评价指标	评价要点	评价结果				
		优	良	中	合格	差
理论知识	1. 各类比例放大电路知识掌握情况					
	2. 装配草图绘制情况					
技能水平	1. 元件识别与清点					
	2. 实训项目工艺情况					
	3. 实训项目调试、测量情况					
	4. 低频信号发生器操作情况					
	5. 示波器操作熟练度,测量波形读数是否准确					
安全操作	能否按照安全操作规程操作,有无发生安全事故,有无损坏仪表					
总评	评别	优	良	中	合格	差
		100~88	87~75	74~65	64~55	≤54
	总评得分					

2.5 直流稳压电源

学习目标:

① 了解直流稳压电源的组成及各部分的作用。

② 了解各稳压电路的组成和工作原理,掌握串联型稳压电路和三端集成稳压器的应用。

③ 了解集成稳压电源的应用和使用方法。

实际生产生活中,很多电子设备都离不开稳压电源。直流稳压电源是一种当电压波动或负载改变时,能保持输出直流电压基本不变的电源电路。它一般由电源变压器、整流电路、滤波电路和稳压电路几部分组成,如图 2-58 所示。它们各部分的作用如下。

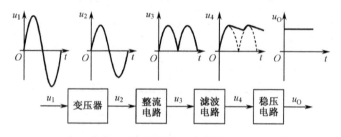

图 2-58 直流稳压电源结构框图

① 电源变压器:将常规的交流输入电压(220V,380V)变为整流电路所要求的交流电压值。

② 整流电路:由整流器件组成,它将交流电变换成方向不变但大小随时间变化的脉

动直流电。

③ 滤波电路：将单方向脉动直流电中所含的大部分交流成分滤掉，得到一个较平滑的直流电。

④ 稳压电路：用来消除由于电网电压波动、负载改变对其产生的影响，从而使输出电压稳定。

通过本节的学习，能了解硅稳压管稳压电路的稳压原理；了解三端集成稳压器引脚的排列、种类、主要参数及应用等；能识读集成稳压电源的电路图，并能正确安装和调试直流稳压源。

2.5.1 硅稳压管稳压电路

硅稳压管是一种特殊的二极管，它工作在二极管的反向击穿区，利用了 PN 结的反向击穿特性，使稳压管在工作电流范围内保持两端电压基本不变。在很多电子设备中正是利用稳压管的这一特性达到稳压的目的。

1. 电路组成

图 2-59 所示的是硅稳压管稳压电路。电路中，稳压管 VD_Z 并联在负载 R_L 两端，所以此电路也被称为并联型稳压电路。为了使稳压管的电流不超过允许值，在稳压管上串联了一个限流电阻 R，以保证稳压管的正常工作。稳压电路的输入电压 U_i 是整流、滤波电路的输出电压。

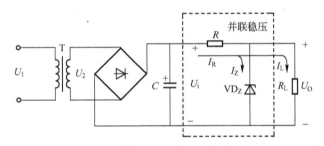

图 2-59 硅稳压管稳压电路

2. 稳压电路的工作原理

并联型的稳压电路中，通过稳压管和限流电阻的串联来调整整流滤波后不稳定的输出电压，当电网电压波动和负载电流变化时，仍能得到稳定的直流输出电压。

（1）电网电压波动时的稳压

当负载不变，输入电压 U_i 增加时，引起输出电压 U_O 增加，稳压管与负载并联，其两端的电压 U_Z 也随之增加（$U_Z = U_O$），导致稳压管的电流 I_Z 迅速增加，使限流电阻上的电流 I_R（$I_R = I_Z + I_O$）和电压 U_R 增大，因为 $U_R = U_i - U_O$，所以输出电压 U_O 减小，从而保证了输出电压 U_O 基本保持不变。输入电压 U_i 增加时，稳压电路中电压、电流变化过程可表示如下：

$$U_i \uparrow \rightarrow U_O \uparrow \rightarrow U_Z \uparrow \rightarrow I_Z \uparrow \uparrow \rightarrow I_R \uparrow \uparrow \rightarrow U_R \uparrow \uparrow \rightarrow U_O \downarrow$$

(2)负载变化时的稳压

当电源电压不变,负载 R_L 减小时,使负载电流 I_o 增大,因为 $I_R = I_Z + I_o$,所以限流电阻上的电流 I_R 随之增大,电压 U_R 也增大;又因为 $U_R = U_i - U_o$,所以输出电压 U_o 减小,电压 U_Z ($U_Z = U_o$) 也随之减少,当 U_Z 稍有减少,电流 I_Z 迅速减小,使限流电阻上的电流 I_R ($I_R = I_Z + I_o$) 也迅速减小,电压 U_R ($U_R = U_i - U_o$) 减小,引起输出电压 U_o 增大,使输出电压 U_o 基本保持不变。负载 R_L 减小时,稳压电路中电压、电流变化过程可表示如下:

$$R_L \downarrow \to I_o \uparrow \to I_R \uparrow \to U_R \uparrow \to U_o \downarrow \to U_Z \downarrow \to I_Z \downarrow\downarrow \to I_R \downarrow\downarrow \to U_R \downarrow \to U_o \uparrow$$

3. 稳压元件的选择

从以上分析可见,硅稳压管稳压电路结构简单且元件少,输出电压由稳压管的稳压值决定,不可随意调节。故选择稳压管时,首先应注意稳压管的稳压值 U_Z 就是硅稳压管的输出电压 U_o,当负载开路时,输出的电流就会全部经过稳压管。所以在选择稳压管时,要使其最大稳定电流留有余地,一般是输出电流的 2~3 倍。另外,稳压电路的输入电压 U_i 应为输出电压 U_o 的 2~3 倍。即

$$\left.\begin{array}{l} U_Z = U_o \\ I_{Z\max} = (2 \sim 3) I_o \\ U_i = (2 \sim 3) U_o \end{array}\right\} \tag{2-48}$$

在稳压电路中,限流电阻的选取也是关键,其值必须满足:

$$\frac{U_{i\max} - U_o}{I_{Z\max} + I_{o\min}} < R < \frac{U_{i\min} - U_o}{I_{Z\min} + I_{o\max}} \tag{2-49}$$

典型例题分析

【例题 2-11】 稳压管稳压电路如图 2-59 所示,正弦交流电压经整流、滤波后得到 $U_i = 25V$,负载电阻 $R_L = 5k\Omega$,若要求输出直流电压 $U_o = 15V$,试合理选择稳压管。

解:已知 $U_o = 15V$,$R_L = 5k\Omega$,则输出电流的最大值为

$$I_{oM} = \frac{U_o}{R_L} = \frac{15}{5} = 3mA$$

根据式(2-48)的要求,查三极管手册,选择稳压管 2CW20,其稳定电压 $U_Z = (13.5 \sim 17)V$,稳定电流 $I_Z = 5mA$,最大稳定电流 $I_{Z\max} = 15mA$。

2.5.2 串联型三极管稳压电路

由于稳压管的稳压电路受稳压管自身的影响,输出电压不可调而且稳定性不够高,所以为了提高稳压电路的稳压性能,可采用三极管或集成运算放大器所组成的串联型直流稳压电路。

1. 电路结构

图 2-60 为三极管串联稳压电路原理图,它由取样电路(取样环节)、基准电压、比较

放大器(比较放大环节)及调整元件(调整环节)等环节组成,其方框图如图 2-61 所示。

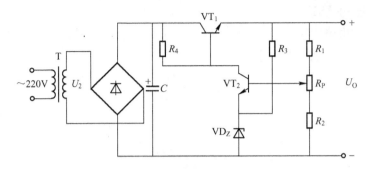

图 2-60 三极管串联型稳压电源

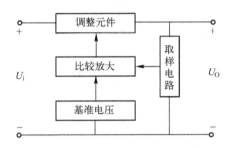

图 2-61 串联型稳压电源方框图

2. 电路中各部分的作用

① 取样环节。由 R_1,R_P,R_2 组成的分压电路构成取样环节,将输出电压 U_o 的一部分送到比较放大环节。

② 基准电压。由稳压管 VD_Z 与电阻 R_3 组成的稳压电路,其作用是提供一个稳定性较高的直流电压,作为调整、比较的标准。其中,R_3 为稳压管 VD_Z 的限流电阻。

③ 比较放大环节。由三极管 VT_2 和 R_4 构成的直流放大器,其作用是将取样电压和基准电压之差经 VT_2 放大后去控制调整管 VT_1。R_4 既是 VT_2 的集电极负载电阻,也是 VT_1 的偏置电阻。

④ 调整环节。由工作在线性放大区的调整管 VT_1 组成,它是该稳压电源的关键元件,利用 VT_1 的基极电流 I_{B1} 受比较放大电路输出的控制,使集电极电流 I_{C1} 和集、射电压 U_{CE1} 改变,从而达到自动调整稳定输出电压的目的。

3. 稳压原理

当电网电压升高或负载电阻增大而使输出电压有上升的趋势时,引起输出电压 U_o 增加,取样电压 U_F 相应增大,使 VT_2 的基极电流 I_{B2} 和集电极电流 I_{C2} 随之增加,VT_2 的集电极电位 U_{C2} 下降,因此 VT_1 的基极电流 I_{B1} 下降,使得 I_{C1} 下降,U_{CE1} 增加,U_o 下降,使 U_o 保持基本稳定。上述稳压过程可表示为:

$$U_O\uparrow \to U_F\uparrow \to I_{B2}\uparrow \to I_{C2}\uparrow \to U_{C2}\downarrow \to U_{B1}\downarrow \to I_{B1}\downarrow \to U_{CE1}\uparrow \to U_O\downarrow$$

当电网电压下降或负载变小时,电路的稳压过程与上面变化过程相反。从以上调整过程可知，该电路是依靠电压负反馈来稳定输出电压，故称为串联型稳压电路。

4．输出电压的调节

图 2-60 所示电路中将电位器 R_P 分为上下两部分，R_P' 为电位器上部分电阻，R_P'' 为电位器下部分电阻。则由原理图可得

$$U_F = \frac{R_2 + R_P''}{R_1 + R_2 + R_P} U_O \qquad (2\text{-}50)$$

由上式可得

$$U_O = \frac{R_1 + R_2 + R_P}{R_2 + R_P''} U_F$$

$$= \frac{R_1 + R_2 + R_P}{R_2 + R_P''} (U_{BE2} + U_Z)$$

若忽略发射结电压 U_{BE2}，输出电压为

$$U_O = \frac{R_1 + R_2 + R_P}{R_2 + R_P''} U_Z \qquad (2\text{-}51)$$

由式（2-51）可知，通过调节电位器 R_P 的阻值大小可以调节输出电压 U_O，使输出电压调整在额定的数值内。当电位器滑动触点下移，R_P'' 变小，输出电压 U_O 升高；当电位器滑动触点上移，R_P'' 变大，输出电压 U_O 下降。

典型例题分析

【例题 2-12】 串联型直流稳压电路如图 2-62 所示，其中 $R_1 = 600\Omega$，$R_2 = 300\Omega$，$R_P = 300\Omega$，$U_Z = 5.3\,\text{V}$，$U_{BE2} = 0.7\,\text{V}$，求输出电压的可调范围。

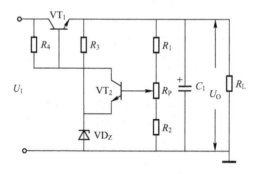

图 2-62　例题 2-12 图

解： 当电位器滑动到最上端时，根据式（2-51）输出电压为

$$U_O = \frac{R_1 + R_2 + R_P}{R_2 + R_P''}(U_{BE2} + U_Z) = \frac{600 + 300 + 300}{300 + 300}(0.7 + 5.3) = 12\,\text{V}$$

当电位器滑动到最下端时，根据式（2-51）输出电压为

$$U_O = \frac{R_1+R_2+R_P}{R_2+R_P''}(U_{BE2}+U_Z) = \frac{600+300+300}{300}(0.7+5.3) = 24\text{ V}$$

所以，该电路的输出电压可调范围为 12~24V。

比较放大环节也可以采用集成运算放大器，其稳压电路如图 2-63 所示。

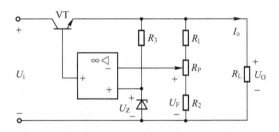

图 2-63 采用集成运算放大器的串联型稳压电路

2.5.3 集成稳压电路

集成稳压电路是将稳压电路的主要元件甚至全部元件制作在一块硅基片上的集成电路，集成稳压器具有体积小、使用方便、电路简单、可靠性高、调整方便等优点。集成稳压器的类型很多，按工作方式可分为串联型、并联型和开关型；按输出电压类型可分为固定式和可调式。

1．三端固定集成稳压器

1）三端固定集成稳压器的结构

三端固定集成稳压器的输出电压是固定的，且它只有三个接线端，即输入端、输出端及公共端，其外形如图 2-64 所示。

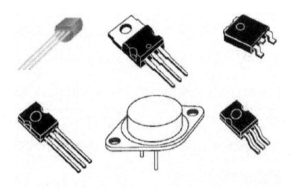

图 2-64 三端固定集成稳压器外形

三端集成稳压器的内部结构如图 2-65 所示。它也是采用了串联式稳压电源的电路，并增加了启动电路和保护电路，使用时更加可靠。为了使集成稳压器长期、正常地工作，应保证其良好的散热条件。金属壳封装的集成稳压器一般输出电流比较大，使用时要加上足够面积的散热片。

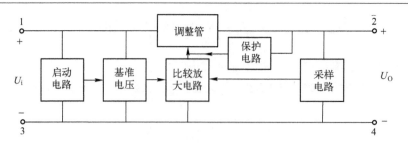

图 2-65 三端集成稳压器的内部结构

三端固定集成稳压器有两个系列 CW78XX 和 CW79XX。CW78XX 系列输出是正电压,CW79XX 系列输出是负电压。CW78XX 的 1 脚为输入端,2 脚为公共端,3 脚为输出端。CW79XX 的 1 脚为公共端,2 脚为输入端,3 脚为输出端。

(1) 输出正电压的三端固定稳压器

CW78XX 系列三端固定稳压器,它们型号的后两位数字就表示输出电压值,比如 CW7805 表示输出电压为 5V。根据输出电流的大小又可分为 CW78XX 型(表示输出电流为 1.5A)、CW78MXX 型(表示输出电流为 0.5A)和 CW78LXX 型(表示输出电流为 0.1A)。其功能图如图 2-66 所示,图中 C_1 用于防止产生自激振荡,C_2 用于削弱电路的高频噪声。

(2) 输出负电压的三端固定稳压器

CW79XX 系列三端固定稳压器是负电压输出,在输出电压档次、电流档次等方面与 CW78XX 的规定一样。它们型号的后两位数字表示输出电压值,比如 CW7905 表示输出电压为-5V。其功能图如图 2-67 所示,"2"为输入端,"3"为输出端,"1"为公共端。

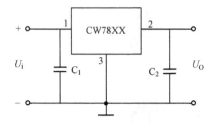

图 2-66 CW78XX 系列集成稳压器

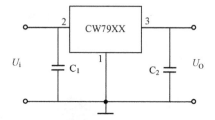

图 2-67 CW79XX 系列集成稳压器

2) 三端固定集成稳压器的应用

(1) 基本稳压电路

三端固定集成稳压器的基本稳压电路如图 2-68 所示,使用时根据输出电压和输出电流来选择稳压器的型号。

电路中输入电容 C_i 和输出电容 C_o 是用来减小输入、输出电压的脉动和改善负载的瞬态响应,在输入线较长时,C_i 可抵消输入线的电感效应,以防止自激振荡。C_o 是为了瞬时增减负载电流时不致引起输出电压 U_o 有较大的波动。C_i 和 C_o 值均在 0.1~1μF 之间。最小输入电压与输出电压的差要在 3V 以上。

（2）可同时输出正、负电压的电路

用两个三端集成稳压器按图 2-69 所示连接电路，若选用输出电压大小相同、极性相反的三端集成稳压器，则可同时输出正、负对称的电源。这种对称电源在很多电路中都用到。

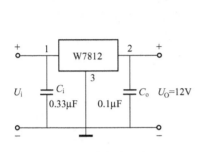

图 2-68　基本稳压电路

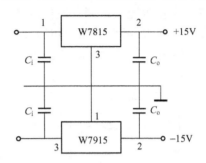

图 2-69　同时输出正、负电压的稳压器

（3）扩大输出电流的电路

当负载所需电流大于稳压器的最大输出电流时，可外接功率管来扩展输出电流，如图 2-70 所示。外接 PNP 型功率管来扩展输出电流。对集成稳压电源来说，输入电流 I_1 与输出电流 I_2 近似相等，由图可得

$$I_2 \approx I_1 = I_R + I_B = -\frac{U_{BE}}{R} + \frac{I_C}{\beta}$$

式中，β 为功率管的电流放大系数，负载电流为 $I_O = I_2 + I_C$，可见输出电流被扩大了。

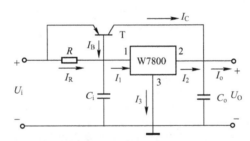

图 2-70　扩大输出电流的电路

2．三端可调集成稳压器

1）三端可调集成稳压器的种类

三端可调集成稳压器不仅输出电压可调，而且稳压性能比固定式更好，它也分为正电压输出和负电压输出两种类型。

（1）输出正电压的可调集成稳压器

CW117，CW217，CW317 系列是正电压输出的三端可调集成稳压器，输出电压在 1.2～37V 范围内连续可调。电位器 R_P 和电阻 R_1 组成取样电阻分压器，接稳压器的调整端 1 脚，改变 R_P 可调节输出电压 U_O 的大小。其功能图如图 2-71 所示，集成稳压器的"1"为调整端，"2"为输出端，"3"为输入端。在输入端并联电容 C_1，滤除整流电路输出的高频干扰信号，电容 C_2 可消除 R_P 上的纹波电压，使取样电压稳定，C_3 起

消振作用。

(2) 输出负电压的可调集成稳压器

CW137，CW237，CW337 系列是负电压输出的三端可调集成稳压器，输出电压在 $-1.2\sim -37\text{V}$ 范围内连续可调。电位器 R_P 和电阻 R_1 组成取样电阻分压器，接稳压器的调整端 1 脚，改变 R_P 可调节输出电压 U_O 的大小。其功能图如图 2-72 所示，集成稳压器的"1"为调整端，"2"为输出端，"3"为输入端。C_1，C_2，C_3 的作用与图 2-71 所示电路相同。

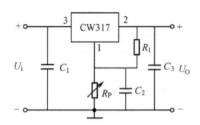

图 2-71　CW317 三端可调集成稳压器

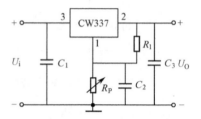

图 2-72　CW337 三端可调集成稳压器

2) 三端可调集成稳压器的应用

三端可调集成稳压器的典型应用电路如图 2-73 所示。

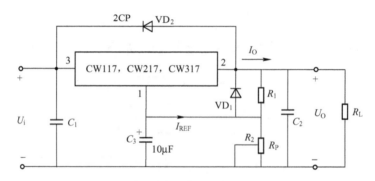

图 2-73　三端可调集成稳压器典型应用电路

当输入电压 U_i 在 $2\sim 24\text{V}$ 范围内变化时，电路都能正常工作，输出端 2 与调整端 1 之间提供 1.25V 基准电压 U_REF，基准电源的工作电流 I_REF 很小，约为 50μA，所以直流稳压电源的输出电压 U_O 为

$$U_\text{O} = \frac{U_\text{REF}}{R_1}(R_1 + R_2) + I_\text{REF} R_2$$

即

$$U_\text{O} \approx U_\text{REF}\left(1 + \frac{R_2}{R_1}\right)$$

由此可见，调节 R_P（改变了 R_2 值）就可实现输出电压的调节。

若 $R_2=0$，则 U_REF 为最小输出电压。随着 R_2 的增大，U_O 随之增加，当 R_2 为最大值时，U_O 也为最大值。所以，R_P 应按最大输出电压值来选择。

2.5.4 实训项目：三端集成稳压电源的组装与调试

1. 技能目标

① 能完成三端集成稳压电源的组装与调试。
② 能熟练在万能印制电路板上进行合理布局、布线。
③ 熟悉整流、滤波、稳压电路的工作原理。
④ 能正确使用 CW78XX 系列集成稳压器。
⑤ 能正确测试直流稳压电源的主要技术指标。

2. 工具、元件和仪器

① 电烙铁等常用电子装配工具。
② 万用表、示波器。

3. 技能训练

（1）电路原理图

三端集成稳压电源的电路原理图如图 2-74 所示，其由变压器、整流电路、滤波电路、稳压电路和显示电路组成。

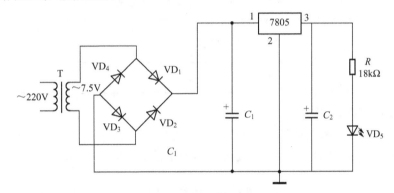

图 2-74 三端集成稳压电源电路原理图

（2）装配要求和方法

工艺流程：准备→熟悉工艺要求→绘制装配草图→核对元件数量、规格、型号→元件检测→元器件预加工→万能电路板装配、焊接→总装加工→自检。

具体操作过程详见 1.2.3 实训项目，图 2-75 所示为三端集成稳压电源装配草图，表 2-13 所列为三端集成稳压电源元件清单。

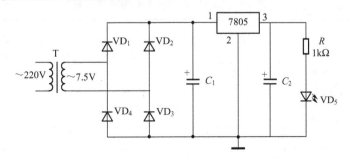

图 2-75 三端集成稳压电源装配草图

表 2-13 三端集成稳压电源元件清单

代　　号	品　　名	型号/规格	数　　量
U_1	集成电路	7805	1
$VD_1 \sim VD_4$	整流二极管	1N4001	4
R	碳膜电阻	1kΩ	1
C_1，C_2	电解电容	1000μF	1
VD_5	发光二极管		1

（3）调试、测量

① 接通电源发光二极管应发光，测量此时稳压电源的直流输出电压 U_O =_____。

② 测试稳压电源的输出电阻 R_O。

当 U_1=220V，测量此时的输出电压 U_O 及输出电流 I_O；断开负载，测量此时的 U_O 及 I_O，记录在表 2-14 中。

表 2-14 输出电压与电流测量表

$R_L \neq \infty$	$U_O =$　　　V	$I_O =$　　　mA
$R_L = \infty$	$U_O =$　　　V	$I_O =$　　　mA
$R_O = \dfrac{\Delta U_O}{\Delta I_O}$		

③ 验证滤波电容的作用。
● 测量 C_1 和 C_2 两端的电压，并与理论值比较。
● 用示波器观察 C_1 和 C_2 两端的波形，将波形绘制于表 2-15 中。

表 2-15 波形记录表

C_1 两端波形	C_2 两端波形

（4）实训项目考核评价

完成实训项目，填写表 2-16 所列考核评价表。

表 2-16 三端集成稳压电源考核评价表

评价指标	评　价　要　点	评　价　结　果				
		优	良	中	合格	差
理论知识	1. 集成稳压电路知识掌握情况					
	2. 装配草图绘制情况					
技能水平	1. 元件识别与清点					
	2. 实训项目工艺情况					
	3. 实训项目调试情况					

第 2 章 半导体三极管及放大电路基础

续表

评价指标	评 价 要 点	评 价 结 果			
		优	良	中	合格	差
技能水平	4. 实训项目测量情况					
	5. 示波器操作熟练度					
安全操作	能否按照安全操作规程操作，有无发生安全事故，有无损坏仪表					
总评	评别	优	良	中	合格	差	总评得分
		100～88	87～75	74～65	64～55	≤54	

思考题与习题 2

2-1 三极管主要功能是什么？放大的实质是什么？放大的能力用什么来衡量？

2-2 简述三极管的三种工作状态？各有什么特点？

2-3 若把处于放大状态的三极管中的集电极 C 和发射极 E 对调使用，会产生什么后果？

2-4 在电路中测出各三极管的三个电极对地电位，如题 2-4 图所示，试判断各三极管处于何种工作状态（设题 2-4 图中 PNP 型均为锗管，NPN 型为硅管）。

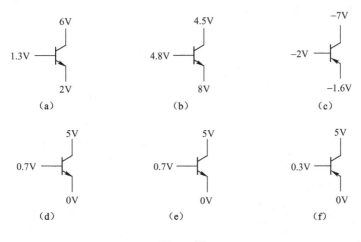

题 2-4 图

2-5 什么叫饱和失真？什么叫截止失真？如何消除这两种失真？

2-6 如何用万用表辨别三极管的好坏？

2-7 一个处于放大状态的三极管接在电路中，看不出型号和其他标记，用万用表测出三个电极的对地电位分别为 $V_1 = -9.5\text{V}$，$V_2 = -5.9\text{V}$，$V_3 = -6.2\text{V}$，试分析该三极管的引脚与类型。

2-8 电路题 2-8 图所示，已知 $R_C = 1.5\text{k}\Omega$，$U_{CC} = 9\text{V}$，$\beta = 50$，调整电位器 R_B 可以调整电路的静态工作点。试问：

(1) 要使 $I_C = 2\text{mA}$，R_B 应为多大?

(2) 使电压 $U_{CE} = 4.5\text{V}$，R_B 应为多大?

2-9　放大电路及元件参数如题 2-9 图所示，三极管选用 3DG105，$\beta = 50$。

(1) 分别计算 R_L 开路和 $R_L = 4.7\text{k}\Omega$ 时的电压放大倍数 A_u；

(2) 如果考虑信号源的内阻 $R_s = 500\Omega$，$R_L = 4.7\text{k}\Omega$ 时，求电压放大倍数 A_{us}。

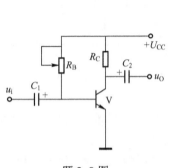

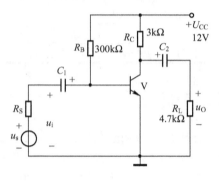

题 2-8 图　　　　　　　　　　题 2-9 图

2-10　放大电路如题 2-10 图所示，三极管 $U_{BE} = 0.7\text{V}$，$\beta = 80$。

(1) 求静态工作点；

(2) 画出微变等效电路；

(3) 求电路电压放大倍数和输入、输出电阻。

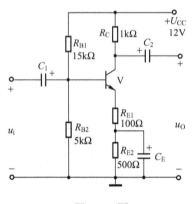

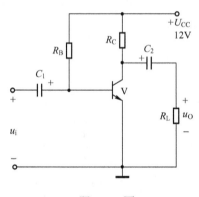

题 2-10 图　　　　　　　　　　题 2-11 图

2-11　在如题 2-11 图所示的放大电路中，$U_{CC} = 12\text{V}$，$R_B = 360\text{k}\Omega$，$R_C = 3\text{k}\Omega$，$R_E = 2\text{k}\Omega$，$R_L = 3\text{k}\Omega$，三极管的 $U_{BE} = 0.7\text{V}$，$\beta = 60$。

(1) 求静态工作点；

(2) 画出微变等效电路；

(3) 求电路输入、输出电阻；

(4) 求电压放大倍数 A_u。

2-12　与电压放大电路相比，功率放大电路有哪些特点？

2-13 功率放大电路提高效率的意义是什么？
2-14 试比较甲类和乙类功率放大电路的优缺点。
2-15 什么叫交越失真？如何克服？
2-16 功率放大电路的工作状态如何区分？
2-17 什么是 OTL 电路、OCL 电路？
2-18 简述互补对称功率放大电路的工作原理。
2-19 简述共模信号和差模信号的含义。
2-20 对差动电路来说，为什么要抑制共模信号？
2-21 简述共模抑制比的意义，它的大小表明什么？
2-22 集成运放由哪几个部分组成？试分析各自的作用。
2-23 什么是"虚短"、"虚断"、"虚地"？
2-24 直接耦合放大电路能放大交流信号吗？为什么？
2-25 集成运放的输入级为什么采用差分放大电路？对集成运放的中间级和输出级各有什么要求？一般采用什么样的电路形式？
2-26 理想运放工作在线性区和非线性区，各有什么特点？
2-27 试求题 2-27 图所示各电路中输出电压 U_O 的值。

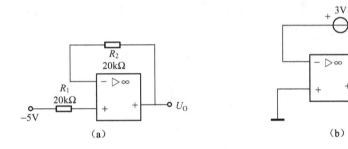

题 2-27 图

2-28 设同相比例电路中，$R_1 = 5\text{k}\Omega$，若希望它的电压放大倍数等于 10，试估算电阻 R_F 和 R_2 各应取多大？

2-29 试写出题 2-29 图所示电路中输出电压和输入电压的关系式。

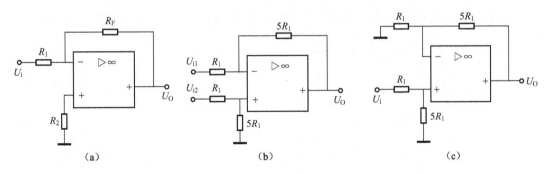

题 2-29 图

2-30　试写出题 2-30 图所示电路中输出电压和输入电压的关系式。

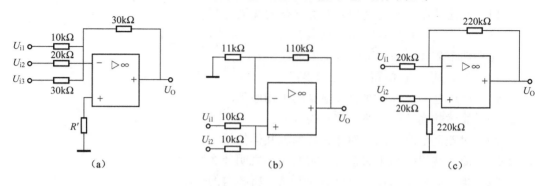

题 2-30 图

2-31　三极管串联型稳压电路中，取样部分有一个电位器，调节它将对电路产生什么影响？当电位器的滑动端在最上端时，输出电压是多少？当电位器的滑动端在最下端时，输出电压又是多少？

2-32　一只稳定电压为 6V 和另一只稳定电压为 12V 的稳压管，用这两只稳压管能组合出几种稳压值？它们各为多少？

2-33　串联型直流稳压电路如题 2-33 图所示，其中 $R_1 = R_2 = R_P = R$，$U_Z = 5.3\text{V}$，$U_{BE2} = 0.7\text{V}$，求输出电压的可调范围。

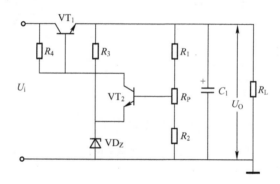

题 2-33 图

2-34　题 2-34 图所示的直流稳压电路中，指出其错误，并画出正确的稳压电路。

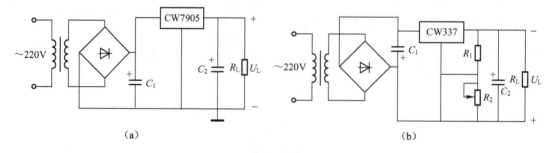

题 2-34 图

第3章 数字电路基础

数字化的应用在我们的生活中无处不在。信息数字化，使得广播及通信多频道化、双向化和多媒体化。家庭信息数字化系统如图3-1所示。相对前面章节所介绍的模拟信号而言，数字信号不易失真，在传送过程中不易受到干扰，能有效地利用计算机进行各种处理，而且数字化的数据及信息还能被简单可靠地存储。而我们平时所接触的几乎都是模拟信号，如风、气温、光照、说话的声音、听到的音乐、歌声等。如何将生活中的模拟信号数字化呢？这就是本章要解决的问题。

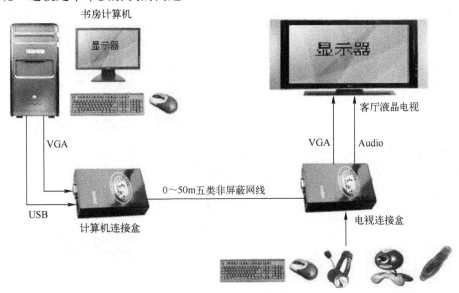

图 3-1 家庭信息数字化系统

3.1 脉冲与数字信号

学习目标：

① 能区分模拟信号和数字信号，了解数字信号的特点及主要类型。
② 了解脉冲信号的主要波形及参数。
③ 掌握数字信号的表示方法，了解数字信号在日常生活中的应用。

目前，数字电路已广泛应用于数字通信、自动控制、电子计算机、数字测量仪器、家用电器等各个领域。随着信息时代的到来，数字电路的发展将更加迅猛。能正确区分模拟信号和数字信号，了解脉冲与数字信号的特点及参数是正确使用数字电路的基础。

1. 数字信号与模拟信号

电信号可以分为模拟信号和数字信号两大类。凡在数值上和时间上都是连续变化的信号，称为模拟信号。例如，模拟语言的音频信号、热电偶上得到的模拟温度的电压信号等，都是模拟信号，如图 3-2（a）所示。凡在数值上和时间上不连续变化的信号，都称为数字信号，如图 3-2（b）所示。不连续性和突变性是数字信号的主要特性。

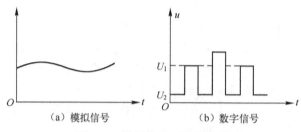

图 3-2　模拟信号和数字信号

图 3-3 所示为模拟信号与数字信号之间的传输示意图。

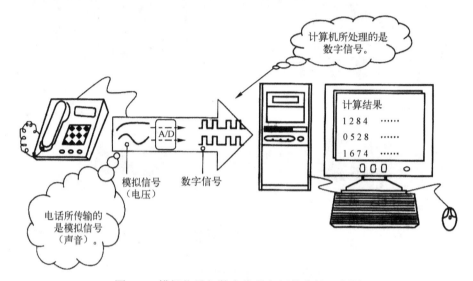

图 3-3　模拟信号与数字信号之间的传输示意图

2．数字电路的特点

电子电路可分为两大类：一类是处理模拟信号的电路，称为模拟电路；另一类是处理数字信号的电路，称为数字电路。这两种电路有许多共同之处，但也有明显的区别。模拟电路中工作的信号在时间和数值上都是连续变化的，而在数字电路中工作的信号则是在时间和数值上都是离散的。在模拟电路中，研究的主要问题是怎样不失真地放大模拟信号；而数字电路中研究的主要问题，则是电路的输入和输出状态之间的逻辑关系，即电路的逻辑功能。

数字电路有如下特点：

① 便于高度集成化。

② 工作可靠性高，抗干扰能力强。

③ 数字信息便于长期保存。

④ 数字集成电路产品系列多、通用性强、成本低。

⑤ 保密性好。数字信息容易加密处理，不易被窃取。

3. 数字电路的分类

（1）按构成分类

构成数字电路按构成可分为分立元件电路和集成电路两大类。集成电路按集成度（在一块硅片上包含的逻辑门电路或元件数量的多少）分为小规模（SSI）、中规模（MSI）、大规模（LSI）和超大规模（VLSI）集成电路。SSI 集成度为 1～10 门/片或 10～100 元件/片，主要是一些逻辑单元电路，如逻辑门电路、集成触发器。MSI 集成度为 10～100 门/片或 100～1000 元件/片，主要是一些逻辑功能部件，包括译码器、编码器、选择器、算术运算器、计数器、寄存器、比较器、转换电路等。LSI 集成度大于 100 门/片或大于 1000 元件/片，此类集成芯片是一些数字逻辑系统，如中央控制器、存储器、串并行接口电路等。VLSI 集成度大于 1000 门/片或大于 10 万元件/片，是高集成度的数字逻辑系统，如在一个硅片上集成一个完整的微型计算机。

（2）按所用器件分类

按电路所用器件的不同，数字电路又可分为双极型和单极型电路。其中，双极型电路有 DTL，TTL，ECL，IIL，HTL 等多种，单极型电路有 JFET，NMOS，PMOS，CMOS 四种。

（3）按逻辑功能分类

根据电路逻辑功能的不同，又可分为组合逻辑电路和时序逻辑电路两大类。

4. 数字电路的应用

数字电子技术不仅广泛应用于现代数字通信、雷达、自动控制、遥测、遥控、数字计算机、数字测量仪表等领域，而且已经飞速进入到千家万户的日常生活，其应用实例如图 3-4 所示。从传统的电子表、计算器，到目前流行的数字广播、数字电视、数字电影、

（a）数字电视

（b）数字电子钟

图 3-4　数字电路的应用实例

数字照相机、数字手机、二维条码、网络电子商城等，数字化技术正在引发一场范围广泛的产品革命，各种家用电器设备、信息处理设备都将朝着数字化方向发展。

5．脉冲信号

（1）常见脉冲信号波形

瞬间突然变化、作用时间极短的电压或电流称为脉冲信号，简称脉冲。脉冲是脉动和冲击的意思。从广义来说，通常把一切非正弦信号统称为脉冲信号。

常见的脉冲信号波形如图 3-5 所示。

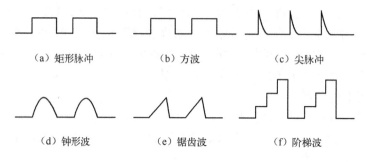

（a）矩形脉冲　　（b）方波　　（c）尖脉冲

（d）钟形波　　（e）锯齿波　　（f）阶梯波

图 3-5　常见的脉冲信号波形

（2）矩形脉冲信号参数

非理想的矩形脉冲信号是一种最常见的脉冲信号，如图 3-6 所示。下面以电压信号为例，介绍描述这种脉冲信号的主要参数。

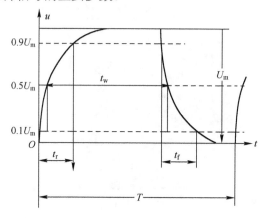

图 3-6　矩形脉冲信号参数

① 脉冲幅度 U_m：脉冲电压的最大变化幅度。
② 脉冲宽度 t_w：脉冲波形前后沿 $0.5U_m$ 处的时间间隔。
③ 上升时间 t_r：脉冲前沿从 $0.1U_m$ 上升到 $0.9U_m$ 所需要的时间。
④ 下降时间 t_f：脉冲后沿从 $0.9U_m$ 下降到 $0.1U_m$ 所需要的时间。
⑤ 脉冲周期 T：在周期性连续脉冲中，两个相邻脉冲间的时间间隔。有时用频率 $f=1/T$ 表示单位时间内脉冲变化的次数。
⑥ 占空比 q：指脉冲宽度 t_w 与脉冲周期 T 的比值。

典型例题分析

【例题 3-1】 示波器观察到的锯齿波形如图 3-7 所示,示波器屏幕的纵轴方向代表电压,每格为 1.5V,横轴方向代表时间,每格为 2ms,试读出脉冲幅度、脉冲宽度和脉冲频率。

【解题思路】 本题考查的知识点是脉冲信号波形主要参数的读取。从示波器屏幕的水平方向的格数可读出横坐标的时间值,纵轴方向的格数可读出纵坐标的电压值。以屏幕的格数为标尺,根据脉冲的参数定义就不难读出数值。

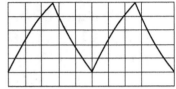

图 3-7 例题 3-1 图

【解题结果】 脉冲的幅度是脉冲底部至脉冲顶部之间的电压差,由图 3-7 可以看到波形的幅度占屏幕的 5 格,每格为 1.5V,因而脉冲幅度 U_m=1.5V/格×5 格=7.5V。

脉冲的宽度由前沿 $0.5U_m$ 至脉冲后沿的 $0.5U_m$ 之间的时间,由图 3-7 可以看到波形的脉冲宽度占 2.5 格,每格为 2ms,因而脉冲宽度 t_w=2ms/格×2.5 格=5ms。脉冲频率 f=1/T=1/(2ms/格×5 格)=100Hz。

3.2 数制与码制

学习目标:

① 能正确表示各种数制。
② 会进行各种数制之间的转换。
③ 了解 8421BCD 码的表示形式。

数制是计数进位制的简称,当人们用数字量表示一个物理量时,用一位数字量是不够的,因此必须采用多位数字量。把多位数码中每一位的构成方法和低位向高位的进位规则称为数制。日常生活中采用的是十进制数,在数字电路中和计算机中采用的有二进制、八进制、十六进制等。会正确使用各种数制,是学习数字电路的基础。

3.2.1 数制

1. 十进制数

十进制数是人们最习惯采用的一种数制。它用 0~9 十个数字符号,按照一定的规律排列起来表示数值大小。例如,2376 这个数可写成:

$$2376=2×10^3+3×10^2+7×10^1+6×10^0$$

十进制的主要特点是:
① 每一位数是由 0~9 十个数码组成,基数为 10。
② 十进制计数规律是"逢十进一、借一当十"。

2. 二进制数

二进制是在数字电路中应用最广泛的一种数制。它只有 0 和 1 两个数码,适合数字电路状态的表示（例如用晶体二极管的导通和截止表示 0 和 1，用晶体三极管的饱和和截止表示 0 和 1）。电路实现起来比较容易。

二进制的主要特点是：

① 每一位数是由 0 和 1 两个数码组成，基数为 2。

② 二进制计数规律是"逢二进一、借一当二"。

【例题 3-2】 一个二进制数$[N]_2$=10101011，试求对应的十进制数。

解：$[N]_2$= $[10101011]_2$

$= [1×2^7+1×2^5+1×2^3+1×2^1+1×2^0]_{10}$

$= [128+32+8+2+1]_{10}$

$= [171]_{10}$

即 $[10101011]_2$= $[171]_{10}$。

由例题 3-2 可见，十进制数$[171]_{10}$，用了 8 位二进制数$[10101011]$表示。如果十进制数数值再大些，位数就更多，这既不便于书写，也易于出错。因此，在数字电路中，也经常采用八进制数和十六进制数。

3．八进制数

在八进制数中，有 0～7 八个数字符号，计数基数为 8，计数规律是"逢八进一"，各位数的权是 8 的幂。

【例题 3-3】 求八进制数$[256]_8$所对应的十进制数。

解：$[N]_8$=$[256]_8$

=$[2×8^2+5×8^1+6×8^0]_{10}$

=$[128+40+6]_{10}$

=$[174]_{10}$

即 $[256]_8$=$[174]_{10}$。

4．十六进制数

在十六进制数中，计数基数为 16，有十六个数字是 0，1，2，3，4，5，6，7，8，9，A，B，C，D，E，F。计数规律是"逢十六进一"，各位数的权是 16 的幂。

【例题 3-4】 求十六进制数$[N]_{16}$=$[A6]_{16}$所对应的十进制数。

解：$[N]_{16}$=$[A6]_{16}$

=$[10×16^1+6×16^0]_{10}$

=$[160+6]_{10}$

=$[166]_{10}$

即 $[A6]_{16}$=$[166]_{10}$。

从例题 3-2、例题 3-3、例题 3-4 可以看出，用八进制和十六进制表示同一个数值，要比二进制简单得多。因此，书写计算机程序时，广泛使用八进制数和十六进制数。

3.2.2 不同进制数之间的相互转换

1．二进制、八进制、十六进制数转换成十进制数

由例题 3-2、例题 3-3、例题 3-4 可知，只要将二进制、八进制、十六进制数按各位

权展开,并把各位的加权系数相加,即得相应的十进制数。

2．十进制数转换成二进制数

将十进制数转换成二进制数可以采用除2取余法,步骤如下。

第一步:把给出的十进制数除以2,余数为0或1就是二进制数最低位 k_0。

第二步:把第一步得到的商再除以2,余数即为 k_1。

第三步及以后各步:继续相除,记下余数,直到商为0,最后余数即为二进制数最高位。

【例题 3-5】 将十进制数$[10]_{10}$转换成二进制数。

解：

$$
\begin{array}{r}
2\ \underline{|10}\ \cdots 余0 — k_0 \\
2\ \underline{|5}\ \cdots 余1 — k_1 \\
2\ \underline{|2}\ \cdots 余0 — k_2 \\
2\ \underline{|1}\ \cdots 余1 — k_3 \\
0
\end{array}
$$

所以,$[10]_{10} = k_3 k_2 k_1 k_0 = [1010]_2$。

【例题 3-6】 将十进制数$[194]_{10}$转换成二进制数。

解：

$$
\begin{array}{r}
2\ \underline{|194}\ \cdots 余0 — k_0 \\
2\ \underline{|97}\ \cdots 余1 — k_1 \\
2\ \underline{|48}\ \cdots 余0 — k_2 \\
2\ \underline{|24}\ \cdots 余0 — k_3 \\
2\ \underline{|12}\ \cdots 余0 — k_4 \\
2\ \underline{|6}\ \cdots 余0 — k_5 \\
2\ \underline{|3}\ \cdots 余1 — k_6 \\
2\ \underline{|1}\ \cdots 余1 — k_7 \\
0
\end{array}
$$

所以,$[194]_{10} = k_7 k_6 k_5 k_4 k_3 k_2 k_1 k_0 = [11000010]_2$。

3．二进制数与八进制、十六进制数之间的相互转换

(1) 二进制数与八进制数之间的相互转换

因为三位二进制数正好表示0～7八个数字,所以一个二进制数转换成八进制数时,只要从最低位开始,每三位分为一组,每组都对应转换为一位八进制数。若最后不足三位时,可在前面加0,然后按原来的顺序排列就得到八进制数。

【例题 3-7】 试将二进制数$[10101011]_2$转换成八进制数。

解：
$$
\underbrace{010}_{2}\ \underbrace{101}_{5}\ \underbrace{011}_{3}
$$

即 $[10101011]_2=[253]_8$。

反之，如将八进制数转换成二进制数，只要将每位八进制数写成对应的三位二进制数，按原来的顺序排列起来即可。

【例题 3-8】 试将八进制数$[253]_8$转换为二进制数。

解：

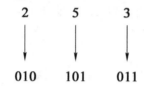

即 $[253]_8=[10101011]_2$。

（2）二进制数与十六进制数之间的相互转换

因为四位二进制数正好可以用 O～F 十六个数字十六进制数表示，所以转换时可以从最低位开始，每四位二进制数分为一组，每组对应转换为一位十六进制数。最后不足四位时可在前面加 0，然后按原来顺序排列就可得到十六进制数。

【例题 3-9】 试将二进制数$[10101001]_2$转换成十六进制数。

解：

即 $[10101001]_2=[A9]_{16}$。

反之，十六进制数转换成二进制数，可将十六进制的每一位，用对应的四位二进制数来表示。

【例题 3-10】 试将十六进制数$[A9]_{16}$转换成二进制数。

解：

即 $[A9]_{16} = [10101001]_2$。

3.2.3 BCD 编码

1．码制

数字信息有两类：一类是数值；另一类是文字、符号、图形等，表示非数值的其他事物。对后一类信息，在数字系统中也用一定的数码来表示，以便于计算机来处理。这些代表信息的数码不再有数值大小的意义，而称为信息代码，简称代码。例如学生的学号、教学楼里每间教室的编号等就是一种代码。

建立代码与文字、符号、图形和其他特定对象之间一一对应关系的过程，称为编码。为了便于记忆、查找、区别，在编写各种代码时，总要遵循一定的规律，这一规律称为码制。

2. 二-十进制编码（BCD 码）

在数字系统中，最方便使用的是按二进制数码编制的代码。如在用二进制数码表示一位十进制数 0～9 十个数码的对应状态时，经常用 BCD 码。BCD 码意指"以二进制代码表示十进制数"。BCD 码有多种编制方式，8421 码制最为常见，它是用 4 位二进制数来表示一个等值的十进制数，但二进制码 1010～1111 没有用，也没有意义。表 3-1 为 8421 BCD 代码表。

例如：$(9)_{10}=(1001)_{8421BCD}$；$(309)_{10}=(0011\ 0000\ 1001)_{8421BCD}$。

表 3-1 8421 BCD 代码表

十进制数	8421 BCD 码			
	位权 8	位权 4	位权 2	位权 1
0	0	0	0	0
1	0	0	0	1
2	0	0	1	0
3	0	0	1	1
4	0	1	0	0
5	0	1	0	1
6	0	1	1	0
7	0	1	1	1
8	1	0	0	0
9	1	0	0	1

注意：

8421 BCD 码和二进制数表示多位十进制的方法不同，如 $(93)_{10}$ 用 8421 BCD 码表示为 10010011，而用二进制数表示为 1011101。

典型例题分析

【例题 3-11】 将二进制数$(11011)_2$ 转换为 8421 BCD 码。

【解题思路】 本题考查的知识点是二进制与 8421 BCD 码的转换。先将二进制数码转换为十进制数码，然后再转换为 8421 BCD 码。

【解题结果】 $(11011)_2=(27)_{10}=(00100111)_{8421}$。

3.3 逻辑门电路

学习目标：

① 掌握与门、或门、非门等基本逻辑门的逻辑功能，了解与非门、或非门、与或非门等复合逻辑门的逻辑功能，会画电路符号，会使用真值表。

② 了解 TTL、CMOS 门电路的型号、引脚功能等使用常识，会正确使用各种基本逻辑门电路。

在生活和自然界中，许多现象往往存在相互对立的双方。例如，开关的闭合和打开，灯泡的亮和暗；晶体管的导通和截止；脉冲的有和无；电平的高和低等。我们采用只有两个取值（0，1）的变量来描述这种对立的状态，这种二值变量称为逻辑变量。在数字电路中用输入信号表示"条件"，用输出信号表示"结果"，这种电路称为逻辑电路。正确使用与门、或门、非门等基本逻辑门电路是掌握好数字电路的基础。

3.3.1 简单门电路

由开关元件经过适当组合,构成可以实现一定逻辑关系的电路称为逻辑门电路,简称门电路。

门电路的分类如下。

① 按逻辑功能的不同可分为:基本逻辑门和复合逻辑门。基本逻辑门包括与门、或门、非门;复合逻辑门包括与非门、或非门、与或非门等。

② 按功能特点不同可分为:普通门、输出开路门、三态门等。

③ 按电路结构不同可分为:分立元件门电路和集成门电路两大类。其中,集成门电路又包括由双极型晶体管构成的 TTL 集成门电路和以互补对称单极型 MOS 管构成的 CMOS 集成门电路等。

1. "与"逻辑关系和"与"门电路

(1)逻辑关系

当决定某一事件的各个条件全部具备时,这件事才会发生,否则这件事就不会发生,这样的因果关系称为"与"逻辑关系。

(2)实验电路

例如图 3-8 所示,若以 F 代表电灯,A,B,C 代表各个开关,从图中可知,由于 A,B,C 三个开关串联接入电路,只有当开关 A "与" B "与" C 都闭合时灯 F 才会亮,这时 F 和 A,B,C 之间便存在"与"逻辑关系。

(3)逻辑符号

"与"逻辑关系的逻辑符号如图 3-9 所示。

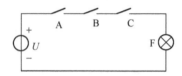

图 3-8 "与"逻辑关系

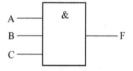

图 3-9 "与"逻辑符号

(4)逻辑表达式

"与"逻辑关系也可以用输入、输出的逻辑关系式来表示,若输出(判断结果)用 F 表示,输入(条件)分别用 A,B,C 等表示,则记成:

$$F = A \cdot B \cdot C$$

"与"逻辑关系也叫逻辑乘。

(5)逻辑真值表

如果把输入变量 A,B,C 的所有可能取值的组合列出后,对应地列出它们的输出变量 F 的逻辑值,见表 3-2。这种用"1","0"表示"与"逻辑关系的图表称为真值表。

(6)逻辑功能

表 3-2 "与"逻辑关系真值表

A	B	C	F
0	0	0	0
0	0	1	0
0	1	0	0
0	1	1	0
1	0	0	0
1	0	1	0
1	1	0	0
1	1	1	1

第 3 章 数字电路基础

"与"逻辑功能可表述为：输入全 1，输出为 1；输入有 0，输出为 0。

(7) 二极管实现的"与"门电路

二极管"与"门电路如图 3-10 所示。当三个输入端都是高电平（A=B=C=1），设三者电位都是 3V，则电源向这三个输入端流入电流，三个二极管均正向导通，输出端电位比输入端高一个正向导通压降，锗管（一般采用锗管）压降为 0.2V，输出电压为 3.2V，接近于 3V，为高电平，所以 F=1。

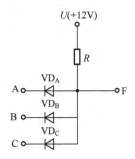

图 3-10 二极管"与"门电路

三个输入端中有一个或两个是低电平，设 A=0V，其余是高电平，由二极管的导通特性知，二极管正端并联时，负端电平最低的二极管抢先导通（VD_A 导通），由于二极管的钳位作用，使其他二极管（VD_B，VD_C）截止，输出端电位比 A 端电位高一个正向导通压降，U_F=0.2V，接近于 0V，为低电平，所以，F=0。输入端和输出端的逻辑关系和"与"逻辑关系相符，故称做"与"门电路。

2. "或"逻辑关系和"或"门电路

(1) 逻辑关系

"或"逻辑关系是指：当决定事件的各个条件中只要有一个或一个以上具备时事件就会发生，这样的因果关系称为"或"逻辑关系。

(2) 实验电路

如图 3-11 所示，由于各个开关是并联的，只要开关 A"或"B"或"C 中任一个开关闭合（条件具备），灯就会亮（事件发生），F=1，这时 F 与 A，B，C 之间就存在"或"逻辑关系。

(3) 逻辑符号

"或"逻辑关系的逻辑符号如图 3-12 所示。

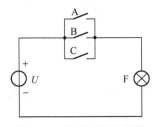

图 3-11 "或"逻辑关系

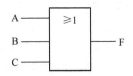

图 3-12 "或"逻辑符号

(4) 逻辑表达式

"或"逻辑关系也可以用输入、输出的逻辑关系式来表示，若输出（判断结果）用 F 表示，输入（条件）分别用 A，B，C 等表示，则记成：

$$F=A+B+C$$

"或"逻辑关系也叫逻辑加，式中"+"符号称为"逻辑加号"。

(5) 逻辑真值表

如果把输入变量 A，B，C 所有取值的组合列出后，对应地列出它们的输出变量 F 的逻辑值，就得到"或"逻辑关系的真值表（见表3-3）。

（6）逻辑功能

或逻辑功能可表述为：输入有1，输出为1；输入全0，输出为0。

（7）二极管实现的"或"门电路

二极管"或"门电路如图3-13所示。与图3-10比较可见，这里采用了负电源，且二极管采用负极并联，经电阻R接到负电源U。

表3-3 "或"逻辑关系真值表

A	B	C	F
0	0	0	0
0	0	1	1
0	1	0	1
0	1	1	1
1	0	0	1
1	0	1	1
1	1	0	1
1	1	1	1

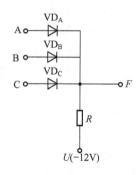

图3-13 二极管"或"门电路

当三个输入端中只要有一个是高电平（设A=1，U_A=3V），则电流从A经VD_A和R流向U，VD_A正向导通，由于二极管的钳位作用，使其他两个二极管截止，输出端F的电位比输入端A低一个正向导通压降，锗管（一般采用锗管）压降为0.2V，输出电压为2.8V，仍属于"3V左右"，所以，F=1。

当三个输入端输入全为低电平时（A=B=C=0），设三者电位都是0V，则电流从三个输入端经三个二极管和R流向U，三个二极管均正向导通，输出端F的电位比输入端低一个正向导通压降，输出电压为-0.2V，仍属于"0V左右"，所以F=0。输入端和输出端的逻辑关系和"或"逻辑关系相符，故称做"或"门电路。

3."非"逻辑关系和"非"门电路

（1）逻辑关系

"非"逻辑关系是指：决定事件只有一个条件，当这个条件具备时事件就不会发生；条件不具备时，事件就会发生。这样的关系称为"非"逻辑关系。

（2）实验电路

如图3-14所示，只要开关A闭合（条件具备），灯就不会亮（事件不发生），F=0；开关打开（条件不具备），A=0，灯就亮，F=1。这时A与F之间就存在"非"逻辑关系。

（3）逻辑符号

"非"逻辑关系的逻辑符号如图3-15所示。

（4）逻辑表达式

"非"逻辑关系式可表示成F=$\overline{A}$。

（5）逻辑真值表

第3章 数字电路基础

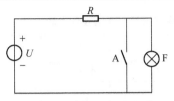

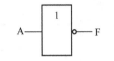

图 3-14 "非"逻辑关系　　　　　图 3-15 "非"逻辑符号

"非"逻辑关系的真值表见表 3-4。

(6) 逻辑功能

"非"逻辑功能可表述为：输入为 1，输出为 0；输入为 0，输出为 1。

(7) 三极管实现的"非"门电路

三极管"非"门电路如图 3-16 所示。三极管此时工作在开关状态，当输入端 A 为高电平，即 V_A=3V 时，适当选择 R_{B1} 的大小，可使三极管饱和导通，输出饱和压降 U_{CES}=0.3V，F=0；当输入端 A 为低电平时，三极管截止，这时钳位二极管 VD 导通，所以输出为 U_F=3.2V，输出高电平，F=1。

表 3-4 "非"逻辑关系的真值表

A	F
0	1
1	0

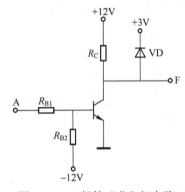

图 3-16 三极管"非"门电路

4．复合门电路

"与"、"或"、"非"是三种最基本的逻辑门，其他任何复杂的逻辑门都可以在这三种逻辑门的基础上得到。表 3-5 所列为常用与非门、或非门、异或门和同或门等复合门的对比。图 3-17 所示为"与"门、"或"门、"非"门电路结合组成的"与非"门电路和"或非"门电路。

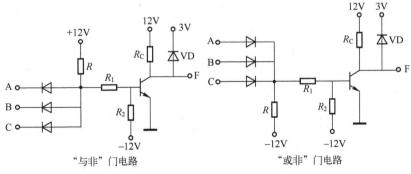

　　　　"与非"门电路　　　　　　　　　　"或非"门电路

图 3-17 "与非"门电路和"或非"门电路

表 3-5 几种常用复合逻辑门的表达式、逻辑符号、真值表和逻辑功能

功能＼函数名称	与 非	或 非	异 或	同 或
表达式	$F=\overline{AB}$	$F=\overline{A+B}$	$F=A\oplus B$	$F=A\odot B$
逻辑符号	A,B → & → F	A,B → ≥1 → F	A,B → =1 → F	A,B → =1 → F
真值表	A B F 0 0 1 0 1 1 1 0 1 1 1 0	A B F 0 0 1 0 1 0 1 0 0 1 1 0	A B F 0 0 0 0 1 1 1 0 1 1 1 0	A B F 0 0 1 0 1 0 1 0 0 1 1 1
逻辑功能	只有输入全部为1时，输出才为0，否则输出为1。即，有0出1，全1出0	只有全部输入都是0时，输出才为1，否则输出为0。即，有1出0，全0出1	当两个输入端相反时，输出为1，输入相同时，输出为0。即，相反出1，相同出0	当两个输入端输入相同时，输出为1；当两个输入端输入相反时，输出为0。即，相同出1，相反出0

3.3.2 TTL 集成逻辑门电路

TTL 集成逻辑门电路是三极管——晶体管逻辑门电路的简称，是一种双极型三极管集成电路。它开关速度快，是目前应用较多的一种集成逻辑门。

1．TTL 集成门电路产品系列及型号的命名法

目前，我国 TTL 集成电路有 CT54/74（普通）、CT54/74H（高速）、CT54/74S（肖特基）和 CT54/74LS（低功耗）四个国家标准系列的集成门电路。其型号的符号组成及意义见表 3-6。

表 3-6 TTL 器件型号的符号组成及意义

第1部分		第2部分		第3部分		第4部分		第5部分	
型号前级		工作温度符号及范围		器件系列		器件品件		封装形式	
符号	意 义	符号	意 义	符号	意 义	符号	意 义	符号	意 义
CT	中国制造的 TTL 类	54	−55～+125℃	H	高速	阿拉伯数字	器件功能	W	陶瓷扁平
				S	肖特基			B	塑封扁平
				LS	低功耗肖特基			F	全密封扁平
SN	美国 TEXAS 公司产品	74	0～+70℃	AS	先进肖特基			D	陶瓷双列直插
				ALX	先进低功耗肖特基			P	塑料双列直插
				FAS	快捷肖特基			J	黑陶瓷双列直插

2．常用 TTL 集成门芯片简介

74X 系列为标准的 TTL 集成门系列。表 3-7 列出了几种常用的 74LS 系列集成电路的型号及功能。

表 3-7 常用的 74LS 系列集成电路的型号及功能

型 号	逻辑功能	型 号	逻辑功能
74LS00	2 输入端四与非门	74LS27	3 输入端三或非门
74LS04	六反相器	74LS20	4 输入端双与非门

第3章 数字电路基础

续表

型　号	逻辑功能	型　号	逻辑功能
74LS08	2 输入端四与门	74LS21	4 输入端双与门
74LS10	3 输入端三与非门	74LS30	8 输入端与门
74LS11	3 输入端三与门	74LS32	2 输入端四或门

（1）74LS08 与门集成芯片

常用的 74LS08 与门集成芯片，内部有 4 个二输入的与门电路，其实物图、外引脚图和逻辑图如图 3-18 所示。

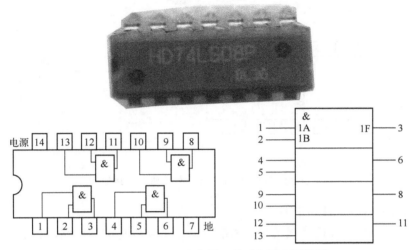

图 3-18　74LS08 实物图、外引脚图和逻辑图

（2）74LS32 或门集成芯片

常用的 74LS32 或门集成芯片，内部有 4 个二输入的或门电路，其实物图、外引脚图和逻辑图如图 3-19 所示。

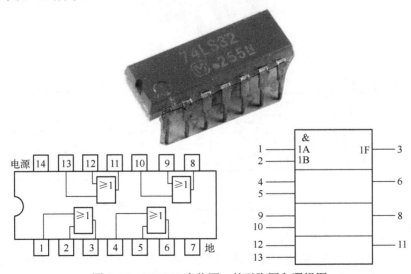

图 3-19　74LS32 实物图、外引脚图和逻辑图

（3）74LS04 非门集成芯片

常用的 74LS04 非门集成芯片，内部有 6 个非门电路，其实物图、外引脚图和逻辑图如图 3-20 所示。

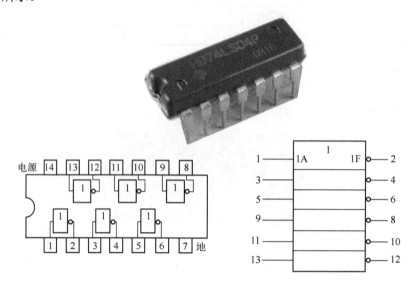

图 3-20　74LS04 实物图、外引脚图和逻辑图

（4）74LS00 与非门集成芯片

常用的 74LS00 与非门集成芯片，内部有 4 个二输入与非门电路，其实物图、外引脚图和逻辑图如图 3-21 所示。

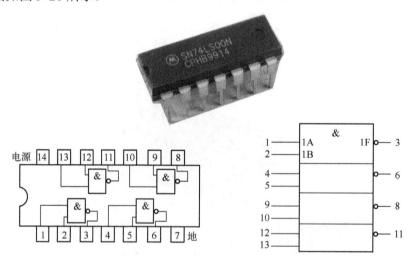

图 3-21　74LS00 实物图、外引脚图和逻辑图

（5）74LS02 或非门集成芯片

常用的 74LS02 或非门集成芯片，内部有 4 个二输入或非门电路，其实物图、外引脚图和逻辑图如图 3-22 所示。

第3章 数字电路基础

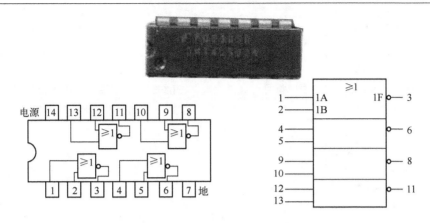

图 3-22　74LS02 实物图、外引脚图和逻辑图

注意：每个集成门电路内部的各个逻辑单元互相独立，可以单独使用，但电源和接地线是公共的。

3. OC 门

集电极开路的与非门称为 OC 门，OC 门的逻辑符号如图 3-23（a）所示。在实际电路中，往往需要将两个或两个以上门电路的输出端并联在一起使用，称为线与。但前文介绍的普通 TTL 与非门不能实现线与，而 OC 门可以实现线与，图 3-23（b）所示为 OC 门的线与电路。

4. 三态门

三态输出与非门，简称三态门，图 3-24 所示是其逻辑图形符号。它与上述的与非门电路不同，其中 A 和 B 是输入端，C 是控制端，也称为使能端，F 为输出端。它的输出端除了可以实现高电平和低电平外，还可以出现第三种状态——高阻状态（称为开路状态或禁止状态）。

图 3-23　OC 门符号及线与连接

当控制端 C=1 时，三态门的输出状态决定于输入端 A 和 B 的状态，这时电路和一般与非门相同，实现与非逻辑关系。

当控制端 C=0 时，不管输入 A 和 B 的状态如何，输出端处于第三种状态。

由于电路结构不同，也有当控制端为高电平时出现高阻状态，而在低电平时电路处于工作状态。这种三态门的逻辑图形符号中控制端 EN 加一小圆圈，表示 C=0 为工作状态，如图 3-25 所示。

三态门广泛用于信号传输电路中。它的一种用途是可以实现用同一根导线轮流传送几个不同的数据或控制信号。如图 3-26 所示为三路数据选择器。

图 3-27 所示是利用三态与非门组成的双向传输通路。

当 C=0 时，G_2 为高阻状态，G_1 打开，信号由 A 经 G_1 传送到 B。

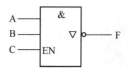
图 3-24 三态输出与非门逻辑符号

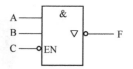
图 3-25 控制端为低电平处于工作状态的三态门逻辑图形符号

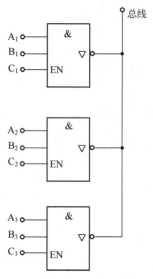

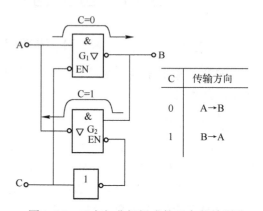

图 3-26 三态输出与非门组成的三路数据选择器路

图 3-27 三态与非门组成的双向传输通路

当 C=1 时，G_1 为高阻状态，G_2 打开，信号由 B 经 G_2 传送到 A。

改变控制端 C 的电平，就可控制信号的传输方向。如果 A 为主机，B 为外部设备，那么通过一根导线，既可由 A 向 B 输入数据，又可由 B 向 A 输入数据，彼此互不干扰。

5. TTL 集成门电路的使用

TTL 集成门电路具有多个输入端，在实际使用时，往往有一些输入端是闲置不用的，需注意对这些闲置输入端的处理。

（1）与非门多余输入端的处理

① 通过一个大于或等于 1kΩ 的电阻接到 V_{CC} 上，如图 3-28（a）所示。

② 和已使用的输入端并联使用，如图 3-28（b）所示。

（2）或非门多余输入端的处理

① 可以直接接地，如图 3-29（a）所示。

② 和已使用的输入端并联使用，如图 3-29（b）所示。

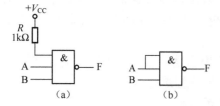

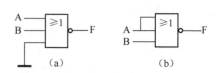

图 3-28 与非门多余输入端的处理

图 3-29 或非门多余输入端的处理

对于 TTL 与门多余输入端处理和与非门完全相同，而对 TTL 或门多余输入端处理和或非门完全相同。

（3）其他使用注意事项

① 电路输入端不能直接与高于+5.5V、低于-0.5V 的低电阻电源连接，否则因为有较大电流流入器件而烧毁器件。

② 除三态门和 OC 门之外，输出端不允许并联使用，否则会烧毁器件。

③ 防止从电源连线引入的干扰信号，一般可在每块电源输入端并接一个去耦电容，以防止动态尖峰电流产生的干扰。

④ 系统连线不宜过长，整个装置应有良好的接地系统，地线要粗、短。

3.3.3 CMOS 集成门电路

MOS 集成门电路是一种以金属-氧化物-半导体（MOS）场效应晶体管为主要元件构成的集成电路，它具有工艺简单、集成度高、抗干扰能力强、功耗低等优点。MOS 集成电路按所用的管子不同，分为 PMOS 电路、NMOS 电路、CMOS 电路。PMOS 电路是指由 P 型导电沟道绝缘栅场效应晶体管构成的电路；NMOS 电路是指由 N 型导电沟道绝缘栅场效应晶体管构成的电路；CMOS 电路是指由 NMOS 和 PMOS 两种管子组成的互补 MOS 电路。这里重点介绍 CMOS 集成门电路。

1. CMOS 门电路系列及型号的命名法

CMOS 逻辑门器件有三大系列：4000 系列、74C××系列和硅-氧化铝系列。前两个系列应用很广，而硅-氧化铝系列因价格昂贵目前尚未普及。表 3-8 列出了 4000 系列 CMOS 器件型号的组成符号及意义，74C××系列的功能及引脚设置均与 TTL74 系列保持一致。74C××系列器件型号的组成符号及意义可参照表 3-8。

表 3-8 CMOS 器件型号的组成符号及意义

第1部分		第2部分		第3部分		第4部分	
产品制造单位		器件系列		器件系列		工作温度范围	
符号	意　义	符号	意义	符号	意义	符号	意　义
CC	中国制造的 CMOS 类型	40 45 145	系列符号	阿拉伯数字	器件功能	C	0～70℃
CD	美国无线电公司产品					E	-40～85℃
						R	-55～85℃
TC	日本东芝公司产品					M	-55～125℃

例如：具体型号为 CD4030R 的 CMOS 逻辑门器件，其各符号的含义如图 3-30 所示。

图 3-30　逻辑门器件型号的组成符号及意义示例

2. 常用 CMOS 集成门电路简介

（1）CMOS 反相器

CMOS 反相器由 N 沟道和 P 沟道的 MOS 管互补构成，其电路组成如图 3-31 所示。

当输入端 A 为高电平 1 时，输出 F 为低电平 0；反之，输入端 A 为低电平 0 时，输出 F 为高电平 1，其逻辑表达式为 $F=\overline{A}$。反相器集成电路 CC4069 的引脚图如图 3-32 所示。

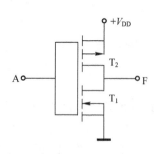

图 3-31　CMOS 反相器电路图

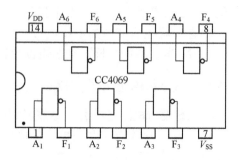

图 3-32　CC4069 引脚图

（2）CMOS 与非门

常用的 CMOS 与非门有 CC4011 等，图 3-33 为 CC4011 与非门引脚图。

（3）CMOS 或非门

常用的 CMOS 或非门有 CC4001 等，图 3-34 为 CC4001 或非门引脚图。

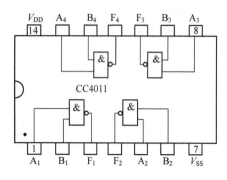

图 3-33　CC4011 引脚图

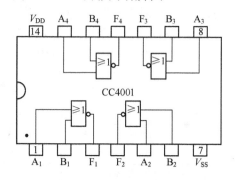

图 3-34　CC4001 引脚图

3. CMOS 集成门电路的特点

与 TTL 集成电路相比，CMOS 集成门电路具有如下特点：

① 功耗低。CMOS 电路工作时，几乎不吸取静态电流，所以功耗极低。

② 电源电压范围宽。目前国产的 CMOS 集成电路，按工作时电源电压范围分为两个系列，即 3～18V 的 CC4000 系列和 7～15V 的 C000 系列。由于电源电压范围宽，所以选择电源电压灵活方便，便于和其他电路接口。

③ 抗干扰能力强。

④ 制造工艺较简单。

⑤ 集成度高，宜于实现大规模集成。

但是，CMOS 集成门电路的延迟时间较大，所以开关速度较慢。

由于 CMOS 集成门电路具有上述特点，因而在数字电路、电子计算机及显示仪表等许多方面获得了广泛的应用。

4. MOS 门电路的使用

MOS 电路的多余输入端绝对不允许处于悬空状态，否则会因受干扰而破坏逻辑状态。

（1）MOS 与非门多余输入端的处理

① 直接接电源，如图 3-35（a）所示。

② 和使用的输入端并联使用，如图 3-35（b）所示。

（2）MOS 或非门多余输入端的处理

① 直接接地，如图 3-36（a）所示。

② 和使用的输入端并联使用，如图 3-36（b）所示。

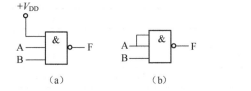

图 3-35　MOS 与非门多余输入端处理

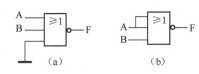

图 3-36　MOS 或非门多余输入端处理

（3）其他使用注意事项

① 要防止静电损坏。MOS 器件输入电阻大，可达 $10^9\Omega$ 以上，输入电容很小，即使感应少量电荷也将产生较高的感应电压（$U_{GS}=Q/C$），可使 MOS 管栅极绝缘层击穿，造成永久性损坏。

② 操作人员应尽量避免穿着易产生静电的化纤物，以免产生静电感应。

③ 焊接 MOS 电路时，一般电烙铁功率应不大于 20W，烙铁要有良好的接地线，且可靠接地；若未接地，应拔下电源，利用断电后余热快速焊接，禁止通电情况下焊接。

典型例题分析

【例题 3-12】　由开关 A，B 和指示灯 Y 组成的电路如图 3-37 所示。

（1）如果用 1 表示开关断开和灯灭，用 0 表示开关闭合和灯亮，则 Y 和 A，B 之间是什么逻辑关系？

（2）如果用 1 表示开关断开和灯亮，用 0 表示开关闭合和灯灭，则 Y 和 A，B 之间是什么逻辑关系？

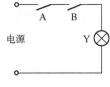

图 3-37　例题 3-12 图

【解题思路】　逻辑关系与逻辑体制有关，如果 1 和 0 表示的含义不同，则电路所反映的逻辑关系也不一样，这是一个值得注意的问题。该题的分析方法是：

（1）先根据题意列出真值表；

（2）再根据真值表确定输入、输出之间的逻辑关系。

【解题结果】（1）根据题意列出真值表，见表3-9。

表3-9　例题3-12真值表一

A	B	Y
0（闭合）	0（闭合）	0（灯亮）
0（闭合）	1（断开）	1（灯灭）
1（断开）	0（闭合）	1（灯灭）
1（断开）	1（断开）	1（灯灭）

从真值表可以看出：有1出1，全0出0。因此，Y和A，B之间是或逻辑关系，即 Y=A+B。

（2）根据题意列出真值表，见表3-10。

表3-10　例题3-12真值表二

A	B	Y
0（闭合）	0（闭合）	1（灯亮）
0（闭合）	1（断开）	0（灯灭）
1（断开）	0（闭合）	0（灯灭）
1（断开）	1（断开）	0（灯灭）

从真值表可以看出：有1出0，全0出1。因此，Y和A，B之间是或非逻辑关系，即 $Y = \overline{A+B}$。

【例题3-13】　如图3-38所示各电路，能实现Y=1的电路是哪一个？

【解题思路】　本题考查的知识点是门电路输入、输出之间的逻辑关系。解题时要根据各类门电路的逻辑功能来分析输入、输出之间的逻辑关系。输入端接地，表示该输入端输入为0；输入端接电源正极，表示该输入端为1。

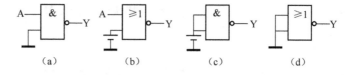

图3-38　例题3-13图

【解题结果】　图3-38（a）为与逻辑门电路，有一个输入端接地，表示该端输入为0。因此，$Y = A \cdot 0 = 0$。

图3-38（b）为或非逻辑门电路，一个输入端接电源正极，表示该输入端输入为1。因此，$Y = \overline{A+1} = 0$。

图3-38（c）为与非逻辑门电路，输入端均接电源正极，表示输入端均输入1。因此，$Y = \overline{1 \cdot 1} = 0$。

图3-38（d）为或非逻辑门电路，输入端均接地，表示输入端均输入0。因此，$Y = \overline{0+0} = 1$。

所以，能实现 Y=1 逻辑功能的是图 3-38（d）所示电路。

【例题 3-14】 如果与门的两个输入端中，A 为信号输入端，B 为控制端。输入 A 的信号波形及控制端 B 的波形如图 3-39 所示，试画出输出波形。

【解题思路】 本题的意图是要求根据输入波形画出逻辑门电路的输出波形。首先要明确逻辑门电路的逻辑功能，然后根据输入波形变化情况，分段画出输出端波形。

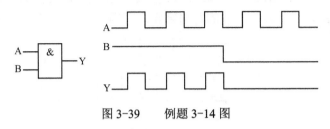

图 3-39　例题 3-14 图

【解题结果】 当 B=1 时，与门的逻辑关系式为 $Y = A \cdot B = A \cdot 1 = A$，可见控制端 B 为高电平时，与门打开，输入信号 A 能顺利通过门电路。

当 B=0 时，与门的逻辑关系式为 $Y = A \cdot B = A \cdot 0 = 0$，可见控制端 B 为低电平时，与门封锁，输入信号 A 不能通过门电路，Y=0。

根据以上分析，画出的输出端 Y 的波形如图 3-39 所示。

思考题与习题 3

3-1　什么是数字电路？数字电路具有哪些主要特点？

3-2　什么是脉冲信号？如何定义脉冲的幅值和宽度？

3-3　将下列二进制数转换为十进制数。

（1）1011　　（2）10101　　（3）111010　　（4）101001　　（5）1001011

3-4　将下列十进制数转换成二进制数。

（1）87　　（2）143　　（3）227　　（4）365　　（5）739

3-5　完成下列数制转换对应表。

题 3-5 表

二　进　制	十　进　制	八　进　制	十 六 进 制
11001			
	42		
		75	
			C3A

3-6　门电路有三个输入端 A，B 和 C，有一个输出端 F，用真值表表示与门、或门的逻辑功能，并画出图形符号。

3-7　已知 A，B 的波形如题 3-7 图所示。试画出 A 和 B 分别作为与门、或非门、异或门的输入时的输出波形。

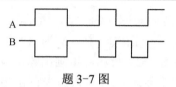

题 3-7 图

3-8　TTL 门电路与 CMOS 门电路各有何特点？使用时应各注意些什么？

3-9　题 3-9 图是用三态门组成的两路数据选择器，试分析其工作情况。

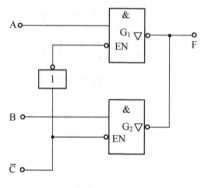

题 3-9 图

3-10　题 3-10 图所示的电路，若用 1 表示开关闭合，用 0 表示开关断开，灯亮用 1 表示，求灯 F 点亮的逻辑表达式。

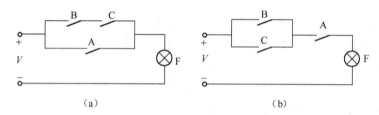

题 3-10 图

3-11　常用 TTL 集成电路如题 3-11 图（a）所示，已知输入 A 和 B 波形如题 3-11 图（b）所示，试写出 Y_1 和 Y_2 的逻辑表达式，并画出输出波形。

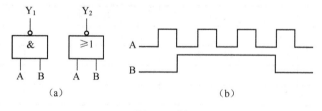

题 3-11 图

第 4 章　组合逻辑电路

图 4-1 所示是我们生活中常见的一些实际装置，图 4-1（a）为交通信号灯实例，图 4-1（b）为表决器实例。若图 4-1（a）中路口两侧的灯同时显示为红色，则信号灯出现了故障。如何实现故障监测呢？本章将介绍的组合逻辑电路可实现上述功能。

（a）交通信号灯实例　　　　　　　　　　（b）表决器实例

图 4-1　逻辑控制电路实例

4.1　组合逻辑电路的基本知识

学习目标：

① 了解组合逻辑电路的特点，掌握逻辑代数的运算法则。
② 能运用逻辑代数对逻辑函数进行化简，了解逻辑函数化简在工程应用中的实际意义。
③ 掌握组合逻辑电路的分析方法和步骤，能设计出简单的组合逻辑电路。

组合逻辑电路是由基本逻辑门和复合逻辑门按照一定的要求直接连接组合而成的，并且赋予了某种专门逻辑功能的电路。组合逻辑电路的逻辑功能特点是，任意时刻的逻辑输出仅由当时的逻辑输入状态决定，与电路原来的状态无关，电路无记忆功能。逻辑输入、输出关系遵循逻辑函数的运算法则。组合逻辑电路应用中常遇到两类问题，就是组合逻辑电路的分析和组合逻辑电路的设计。这两类问题都是通过逻辑表达式、逻辑电路图、真值表及相互之间的转化、替代这几种逻辑电路的表达形式来解决的。了解组合逻辑电路的基本知识是运用组合逻辑电路的基础。

4.1.1　逻辑代数

研究逻辑关系的数学称为逻辑代数，又称布尔代数，它是分析和设计逻辑电路的数学工具。它与普通代数相似，也是用大写字母（A，B，C…）表示逻辑变量，但逻辑变量取值只有1和0两种。这里的逻辑1和逻辑0不表示数值大小，而是表示两种相反的逻辑状态，如信号的有与无、电平的高与低、条件成立和不成立等。

1．基本逻辑运算法则

逻辑代数基本运算只有：与（AND）、或（OR）、非（NOT）三种。

① 与运算规则：简称乘法运算，是进行与逻辑关系运算的，所以也叫与运算。其运算规则如下：

$$0·0=0，0·1=0，1·0=0，1·1=1$$

② 或运算规则：

$$0+0=0，0+1=1，1+0=1，1+1=1$$

③ 非运算规则：

$$\overline{0}=1，\overline{1}=0$$

2．逻辑代数的基本定律

逻辑代数的基本定律和公式见表4-1。

表4-1 逻辑代数的基本定律和公式

名　　称	公式1	公式2
0-1律	A·1 = A A·0 = 0	A+0 = A A+1 = 1
互补律	A$\overline{A}$ = 0	A+$\overline{A}$ = 1
重叠律	A·A = A	A+A = A
交换律	A·B = B·A	A+B = B+A
结合律	A(BC) = (AB)C	A+(B+C) = (A+B)+C
分配律	A(B+C) = AB+AC	A+BC = (A+B)(A+C)
反演律 （又称摩根定律）	$\overline{AB}=\overline{A}+\overline{B}$	$\overline{A+B}=\overline{A}\,\overline{B}$
吸收律	A(A+B) = A A($\overline{A}$+B) = AB	A+AB = A A+$\overline{A}$B = A+B
双重否定律	$\overline{\overline{A}}$ = A	否定之否定规律

4.1.2　逻辑函数的化简

一个逻辑函数可以有许多种不同的表达式，例如：

$F=AB+\overline{A}C$　　　　　　　　与或表达式

　$=(A+C)(\overline{A}+B)$　　　　　或与表达式

　$=\overline{\overline{AB}·\overline{\overline{A}C}}$　　　　　　与非与非表达式

这些表达式是同一逻辑函数的不同表达式，因而反映的是同一逻辑关系。在用门电路实现其逻辑关系时，究竟使用哪种表达式，要看具体所使用的门电路的种类。

在数字电路中，用逻辑符号表示的基本单元电路以及由这些基本单元电路作为部件组成的电路称为逻辑图或逻辑电路图。上述三个表达式中，各逻辑电路图分别如图4-2（a）、

图 4-2（b）、图 4-2（c）所示。这些电路组成形式虽然各不相同，但电路的逻辑功能却是相同的。

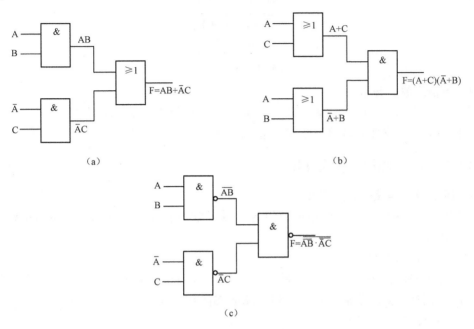

图 4-2 逻辑电路图

逻辑函数化简的意义在于逻辑表达式越简单，实现它的逻辑门电路越简单，电路工作越稳定可靠，响应速度越快，能耗越低，所以必须对逻辑函数进行化简。

逻辑函数的化简通常有两种方法：公式化简法和卡诺图化简法。公式化简法的优点是，使用时不受任何条件的限制，但要求能熟练运用公式和定律，技巧性较强。卡诺图化简的优点是简单、直观，但变量超过 5 个以上时就过于烦琐，本书不做介绍，可参阅有关书籍。

1．公式法化简

运用逻辑代数的基本定律和一些恒等式化简逻辑函数式的方法，称为公式法化简。下面举例说明如何利用逻辑代数的基本公式和定律，对逻辑函数进行化简和变换。

【例题 4-1】 化简 $F = A \cdot B + A \cdot \overline{B} \cdot C + A \cdot \overline{B} \cdot \overline{C}$。

解：$F = A \cdot B + A \cdot \overline{B} \cdot C + A \cdot \overline{B} \cdot \overline{C}$

$\quad = A \cdot B + A \cdot \overline{B} \cdot (C + \overline{C})$

$\quad = A \cdot B + A \cdot \overline{B}$

$\quad = A$

【例题 4-2】 证明 $\overline{AB + \overline{A}C} = \overline{A}\overline{C} + A\overline{B}$。

证明：$\because \overline{AB + \overline{A}C} = (\overline{A} + \overline{B})(A + \overline{C}) = \overline{A}\,\overline{C} + A\overline{B} + \overline{B}\,\overline{C} = \overline{A}\,\overline{C} + A\overline{B}$

$\quad\quad \therefore$ 左式等于右式，等式得证。

【例题 4-3】 化简 $F = \overline{(\overline{A} + A \cdot \overline{B}) \cdot \overline{C}}$。

$$F = \overline{(\overline{A} + A \cdot B) \cdot \overline{C}}$$
$$= \overline{\overline{A} + A \cdot B} + \overline{\overline{C}}$$
$$= \overline{(\overline{\overline{A}} + \overline{A})(\overline{\overline{A}} + \overline{B})} + C$$
$$= \overline{\overline{\overline{A}} + \overline{B}} + C$$
$$= A \cdot B + C$$

2．逻辑函数的表示法

表示一个逻辑函数有多种方法，常用的有：真值表、逻辑函数式、逻辑图、波形图。它们各有特点又相互联系，还可以相互转化。

4.1.3 组合逻辑电路的分析

1．组合逻辑电路的特点及结构

把逻辑门电路按一定的规律加以组合，就可以构成具有各种功能的逻辑电路，称为组合逻辑电路。

（1）组合逻辑电路的特点

在组合逻辑电路中任意时刻的输出只取决于该时刻的输入，与电路原来的状态无关，电路无记忆功能。生活中组合逻辑电路的实例有电子密码锁、银行取款机等。

（2）组合逻辑电路的结构

组合逻辑电路主要由逻辑门电路构成，并且输出与输入之间没有反馈连接，其组成框图如图 4-3 所示。

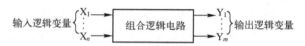

图 4-3　组合逻辑电路的组成框图

2．组合逻辑电路的分析

根据已知的组合逻辑电路，运用逻辑电路运算规律，确定其逻辑功能的过程称为组合逻辑电路的分析。分析组合逻辑电路的目的就是为了确定电路的逻辑功能。一般分析步骤如下：

① 写出已知逻辑电路的函数表达式。方法是直接从输入到输出逐级写出逻辑函数表达式。

② 化简，得到最简逻辑表达式。

③ 由化简后的表达式列出真值表。

④ 根据真值表或最简逻辑表达式确定电路功能。

组合电路分析的一般步骤可用图 4-4 所示框图表示。

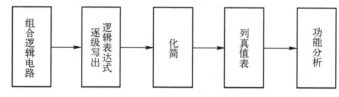

图 4-4　组合逻辑电路分析步骤框图

下面举例说明组合逻辑电路的分析方法。

【例题 4-4】 试分析图 4-5 所示电路的逻辑功能。

解：（1）从输入到输出逐级写出输出端的函数表达式。

$$F_1 = \overline{A}$$
$$F_2 = \overline{B}$$
$$F_3 = \overline{\overline{A} + B} = A\overline{B}$$
$$F_4 = \overline{A + \overline{B}} = \overline{A}B$$
$$F = \overline{F_3 + F_4} = \overline{A\overline{B} + \overline{A}B}$$

（2）对上式进行化简。

$$F = \overline{A\overline{B} + \overline{A}B}$$
$$= \overline{A\overline{B}} \cdot \overline{\overline{A}B}$$
$$= (\overline{A} + B)(A + \overline{B})$$
$$= \overline{A}\,\overline{B} + AB$$

（3）列出函数真值表，见表 4-2。

表 4-2　例题 4-4 函数真值表

A	B	F
0	0	1
0	1	0
1	0	0
1	1	1

（4）确定电路功能。

由式 $F = \overline{A}\,\overline{B} + AB$ 和表 4-2 可知，图 4-5 所示是一个同或门。

【例题 4-5】 试分析图 4-6 所示电路的逻辑功能。

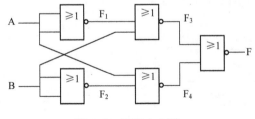

图 4-5　例题 4-4 图

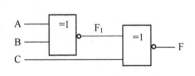

图 4-6　例题 4-5 图

解：（1）逐级写出输出端的逻辑表达式。

$$F_1 = A \oplus B$$
$$F = F_1 \oplus C = A \oplus B \oplus C$$

（2）化简。上式已是最简，故可不用化简。

（3）列真值表，见表 4-3。

表 4-3 例题 4-5 函数真值表

A	B	C	F
0	0	0	0
0	0	1	1
0	1	0	1
0	1	1	0
1	0	0	1
1	0	1	0
1	1	0	0
1	1	1	1

（4）确定电路功能。

由表 4-3 可知，当 A，B，C 的取值组合中，只有奇数个 1 时，输出为 1，否则为 0，所以如图 4-6 所示电路为 3 位奇偶检验器。

4.1.4 组合逻辑电路的设计

与分析过程相反，组合逻辑电路的设计是根据给定的实际逻辑问题，求出实现其逻辑功能的最简单逻辑电路。

组合逻辑电路的设计，通常可按如下步骤进行。

① 分析设计要求，确定输入、输出变量并赋值：根据实际问题确定哪些是输入变量，哪些是输出变量；并确定什么情况下为 1，什么情况下为 0；将实际问题转化为逻辑问题。

② 列真值表：根据逻辑功能的描述列真值表。

③ 写逻辑表达式，并化简：由真值表写出逻辑表达式并化简。

④ 画逻辑电路图：根据最简逻辑表达式，画出相应的逻辑图。

组合逻辑电路设计的一般步骤可用图 4-7 所示框图表示。

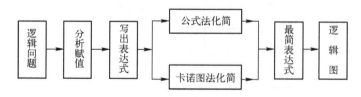

图 4-7 组合逻辑电路设计步骤框图

应当指出，上述这些设计步骤并不是固定不变的程序，在实际设计中，应根据具体情况灵活应用。

【例题 4-6】 某火灾报警系统，设有烟感、温感和紫外光感三种类型的火灾探测器。

为了防止误报警,只有当其中两种或两种以上类型的探测器发出火灾检测信号时,报警系统才产生报警控制信号。设计一个产生报警控制信号的电路。

解:(1)分析设计要求,设输入、输出变量并赋值。

输入变量:烟感 A、温感 B、紫外线光感 C;输出变量:报警控制信号 Y;

逻辑赋值:用 1 表示肯定,用 0 表示否定。

(2)根据逻辑要求,列真值表,见表 4-4。

表 4-4 例题 4-6 真值表

A	B	C	Y
0	0	0	0
0	0	1	0
0	1	0	0
0	1	1	1
1	0	0	0
1	0	1	1
1	1	0	1
1	1	1	1

(3)写表达式、并化简。

$$Y = \overline{A}BC + A\overline{B}C + AB\overline{C} + ABC$$

化简得最简表达式:

$$Y = AB + AC + BC$$

(4)画逻辑电路图,如图 4-8 所示。

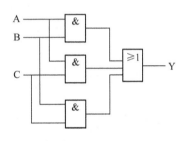

图 4-8 例题 4-6 逻辑电路图

4.1.5 实训项目:三人表决器的制作

1. 技能目标

① 能根据电路原理图正确装配电路。

② 通过实践操作进一步掌握组合逻辑电路的设计方法。

③ 能正确调试、测量电路功能,能进行电路故障的排除。

2. 工具、元件和仪器

① 电烙铁等常用电子装配工具。

② CD4011,CD4023,电阻等。

③ 万用表。

3. 技能训练

(1)三人表决器使用组合逻辑电路的设计和实现方法

① 根据题意列出真值表。三个输入(0 表示同意,1 表示不同意),一个输出(0 表示通过,1 表示不通过),根据题意两人以上同意即可通过,得到如表 4-5 所示的真值表。

表 4-5　三人表决器逻辑电路真值表

A	B	C	Y
0	0	0	0
0	0	1	0
0	1	0	0
0	1	1	1
1	0	0	0
1	0	1	1
1	1	0	1
1	1	1	1

② 根据真值表写出逻辑表达式。

$$Y = \overline{A}BC + A\overline{B}C + AB\overline{C} + ABC$$
$$= AC + AB + BC$$
$$= \overline{\overline{AC} \cdot \overline{AB} \cdot \overline{BC}}$$

③ 根据逻辑表达式画出逻辑电路图（见图 4-9）。
④ 进一步完善电路原理图（见图 4-10）。

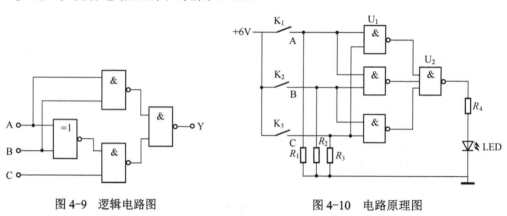

图 4-9　逻辑电路图　　　　　图 4-10　电路原理图

（2）装配要求和方法

工艺流程：准备→熟悉工艺要求→绘制装配草图→核对元件数量、规格、型号→元件检测→元器件预加工→装配、焊接→总装加工→自检。

具体操作过程详见 1.2.3 小节实训项目，表 4-6 所列为元件清单。

表 4-6　三人表决器逻辑电路元件清单

代　号	品　名	型号/规格	数　量
U_1	数字集成电路	CD4011	1
U_2	数字集成电路	CD4023	1
$K_1 \sim K_3$	拨动开关		3

第 4 章 组合逻辑电路

续表

代　号	品　　名	型号/规格	数　量
$R_1 \sim R_3$	碳膜电阻	100kΩ	3
R_4	碳膜电阻	1kΩ	1
LED	发光二极管	红色	1

（3）调试、测量

① 不拨动开关，LED 不亮。

② 任意拨动一个开关，LED 不亮。

③ 任意拨动两个开关，LED 亮。

④ 拨动三个开关，LED 亮。

（4）实训项目考核评价

完成三个表决器逻辑电路的设计与调试测量，填写表 4-7。

表 4-7　三人表决器逻辑电路考核评价表

评价指标	评价要点	评价结果				
		优	良	中	合格	差
理论知识	1. 组合逻辑电路知识掌握情况					
	2. 装配草图绘制情况					
技能水平	1. 元件识别与清点					
	2. 实训项目工艺情况					
	3. 实训项目调试测量情况					
安全操作	能否按照安全操作规程操作，有无发生安全事故，有无损坏仪表					
总评	评别	优	良	中	合格	差	总评得分
		100~88	87~75	74~65	64~55	≤54	

4.2　编码器

📖 **学习目标：**

① 通过应用实例了解编码器的基本功能。

② 了解典型集成编码电路的引脚功能并能正确使用。

逻辑电路的组合方式是多种多样的，但是经常出现在数字设备中的是一些常用组合逻辑功能电路，如编码器、译码器，加法器等。这些功能电路都有系列 TTL 及 CMOS 的中规模集成电路产品，可按需要选用。编码器是具有编制二进制代码功能的组合逻辑电路，它能够根据输入的数字或信息产生与之对应的二进制代码并输出。学习编码器的基本知识是正确使用编码器的基础。

4.2.1 编码器的基本知识

在数字系统中,经常需要将某一信息(输入)变换成某一特定的代码(输出)。把二进制数码按一定的规律排列组合,并给每组代码赋予一定的含义(代表某个数或控制信号)的过程称为编码。

具有编码功能的电路称为编码器。编码器的框图如图 4-11 所示,它有 n 个输入端,m 个输出端,输入端数 n 与输出端数 m 满足 $n \leqslant 2^m$ 的关系。

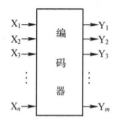

图 4-11 编码器框图

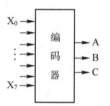

图 4-12 8 线-3 线二进制编码器框图

在 n 个输入端中,每次只能有一个信号有效,其余无效;每次输入有效时,只能有唯一的一组输出与之对应,即一个输入对应一组 m 位二进制代码的输出。

常见的编码器有普通编码器(二进制编码器、二-十进制编码器)、优先编码器两种。

1. 普通编码器

在普通编码器中,任何时刻只允许输入一个编码信号,否则输出将发生混乱。

(1)二进制编码器

一位二进制代码可以表示 **0,1** 这两种不同的输入信号,2 位二进制代码可表示 **00,01,10,11** 这 4 种不同的输入信号,n 位二进制代码可以表示 2^n 种输入信号的电路为二进制编码器。

【例题 4-7】 设计一个 8 线-3 线二进制编码器。

解:① 8 线-3 线二进制编码器的框图如图 4-12 所示,有 8 个输入信号分别用 X_0,X_1,……,X_7 表示 0,1,……,7 这 8 个数字,3 个输出 C,B,A 为 3 位二进制代码。

② 设输入、输出均为高电平有效,列出 8 线-3 线二进制编码器的真值表,见表 4-8。

表 4-8 8 线-3 线二进制编码器的真值表

十进制数	输入								输出		
	X_0	X_1	X_2	X_3	X_4	X_5	X_6	X_7	C	B	A
0	1	0	0	0	0	0	0	0	0	0	0
1	0	1	0	0	0	0	0	0	0	0	1
2	0	0	1	0	0	0	0	0	0	1	0
3	0	0	0	1	0	0	0	0	0	1	1
4	0	0	0	0	1	0	0	0	1	0	0
5	0	0	0	0	0	1	0	0	1	0	1
6	0	0	0	0	0	0	1	0	1	1	0
7	0	0	0	0	0	0	0	1	1	1	1

③ 写出输出逻辑表达式。

$$C = X_4 + X_5 + X_6 + X_7$$
$$B = X_2 + X_3 + X_6 + X_7$$
$$A = X_1 + X_3 + X_5 + X_7$$

④ 由逻辑表达式画出逻辑图，如图 4-13 所示。

当 8 个输入端中输入某一个变量时，表示对该输入信号进行编码，在任何时刻只能对 $X_0 \sim X_7$ 中的某 1 个输入信号进行编码，不允许同时输入 2 个或多个高电平，否则在输出端将发生混乱。在图 4-13 所示逻辑图中没有十进制数 0 的输入线，因为只有在 $X_1 \sim X_7$ 信号线上都不加信号时，输出 C，B，A 必为 **000**，实现对 0 的编码。

（2）二-十进制编码器

能将十进制数中的 0~9 这 10 个数码转换为二进制代码的电路，称为二-十进制编码器。要对 10 个输入信号编码，至少需要 4 位二进制代码，即 $2^i \geq 10$，所以二-十进制编码器的输出信号为 4 位，其示框图如图 4-14 所示。因为 4 位二进制代码有 16 种取值组合，可任选其中 10 种组合表示 0~9 这 10 个数字，因此有多种二-十进制编码方式，其中最常用的是 8421 BCD 码。

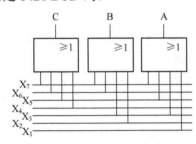

图 4-13　8 线-3 线二进制编码器

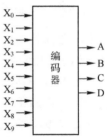

图 4-14　10 线-4 线编码器框图

表 4-9 所列为 8421 BCD 码编码器真值表。

由表 4-9 可写出逻辑表达式：

$$D = X_8 + X_9 = \overline{\overline{X_8} \cdot \overline{X_9}}$$
$$C = X_4 + X_5 + X_6 + X_7 = \overline{\overline{X_4} \cdot \overline{X_5} \cdot \overline{X_6} \cdot \overline{X_7}}$$
$$B = X_2 + X_3 + X_6 + X_7 = \overline{\overline{X_2} \cdot \overline{X_3} \cdot \overline{X_6} \cdot \overline{X_7}}$$
$$A = X_1 + X_3 + X_5 + X_7 + X_9 = \overline{\overline{X_1} \cdot \overline{X_3} \cdot \overline{X_5} \cdot \overline{X_7} \cdot \overline{X_9}}$$

用与非门实现上述逻辑表达式如图 4-15 所示，输入低电平有效，即在任一时刻只有一个输入为 **0**，其余为 **1**。

2. 优先编码器

前面讨论的编码器中，在同一时刻仅允许有一个输入信号，如有两个或两个以上信号同时输入，输出就会出现错误码的编码。在优先编码器中，允

表 4-9　8421 BCD 码编码器真值表

十进制数	输入	输出（8421 BCD 码）			
		D	C	B	A
0	X_0	0	0	0	0
1	X_1	0	0	0	1
2	X_2	0	0	1	0
3	X_3	0	0	1	1
4	X_4	0	1	0	0
5	X_5	0	1	0	1
6	X_6	0	1	1	0
7	X_7	0	1	1	1
8	X_8	1	0	0	0
9	X_9	1	0	0	1

许同时输入两个以上的编码信号，编码器自动对所有输入信号按优先顺序排队。当几个信号同时输入时，它只对优先级最高的信号进行编码。计算机的键盘输入逻辑电路就是优先编码器的典型应用。

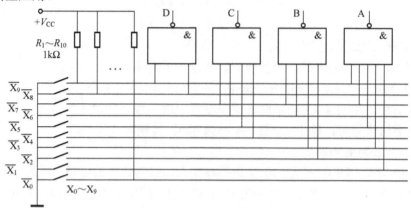

图 4-15 8421 BCD 编码器

4.2.2 集成编码器的产品简介

常见的编码器都是集成电路的，这里介绍两种常用的集成电路优先编码器。

1. 8 线-3 线优先编码器 74LS148 和 CC40148

74LS148 是 8 线-3 线 TTL 集成电路优先编码器，CC40148 是 8 线-3 线 CMOS 集成电路优先编码器。它们在逻辑功能上没有区别，只是电性能参数不同，下面仅以 74LS148 为例介绍 8 线-3 线优先编码器。

（1）封装形式及引脚排列

74LS148 的封装形式及引脚排列如图 4-16 所示。

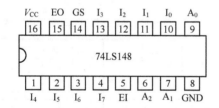 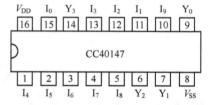

图 4-16 74LS148 的封装形式及引脚排列　　　图 4-17 CC40147 的封装形式及引脚排列

（2）功能表

优先编码器 74LS148 功能表见表 4-10。

表 4-10 74LS148 功能表

输入									输出				
EI	I_0	I_1	I_2	I_3	I_4	I_5	I_6	I_7	A_2	A_1	A_0	GS	EO
1	×	×	×	×	×	×	×	×	1	1	1	1	1
0	1	1	1	1	1	1	1	1	1	1	1	1	0

第 4 章 组合逻辑电路

续表

输入									输出				
EI	I_0	I_1	I_2	I_3	I_4	I_5	I_6	I_7	A_2	A_1	A_0	GS	EO
0	×	×	×	×	×	×	×	0	0	0	0	0	1
0	×	×	×	×	×	×	0	1	0	0	1	0	1
0	×	×	×	×	×	0	1	1	0	1	0	0	1
0	×	×	×	×	0	1	1	1	0	1	1	0	1
0	×	×	×	0	1	1	1	1	1	0	0	0	1
0	×	×	0	1	1	1	1	1	1	0	1	0	1
0	×	0	1	1	1	1	1	1	1	1	0	0	1
0	0	1	1	1	1	1	1	1	1	1	1	0	1

2. 10 线-4 线优先编码器 74LS147 和 CC40147

74LS147、CC40147 分别为 TTL 集成电路和 CMOS 集成电路，下面以 CC40147 为例介绍 10 线-4 线优先编码器。

（1）封装形式及引脚排列

CC40147 的封装形式及引脚排列如图 4-17 所示。

（2）功能表

CC40147 功能表见表 4-11。

表 4-11 CC40147 功能表

输入										输出			
I_0	I_1	I_2	I_3	I_4	I_5	I_6	I_7	I_8	I_9	Y_3	Y_2	Y_1	Y_0
1	0	0	0	0	0	0	0	0	0	0	0	0	0
×	1	0	0	0	0	0	0	0	0	0	0	0	1
×	×	1	0	0	0	0	0	0	0	0	0	1	0
×	×	×	1	0	0	0	0	0	0	0	0	1	1
×	×	×	×	1	0	0	0	0	0	0	1	0	0
×	×	×	×	×	1	0	0	0	0	0	1	0	1
×	×	×	×	×	×	1	0	0	0	0	1	1	0
×	×	×	×	×	×	×	1	0	0	0	1	1	1
×	×	×	×	×	×	×	×	1	0	1	0	0	0
×	×	×	×	×	×	×	×	×	1	1	0	0	1
0	0	0	0	0	0	0	0	0	0	1	1	1	1

典型例题分析

【例题 4-8】 分析图 4-18 所示逻辑电路图，写出逻辑表达式与真值表，并分析电路的逻辑功能。

【解题思路】 本题考查的知识点是编码电路的分析。解题时按组合逻辑电路的分析方法和步骤进行，即由逻辑电路图写函数表达式，化简函数表达式，列真值表，由此分析电路的逻辑功能。

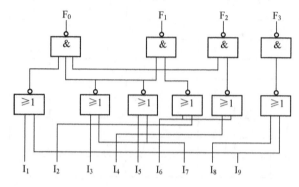

图 4-18 例题 4-8 图

【解题结果】① 根据逻辑电路图写出 F_0，F_1，F_2，F_3 的逻辑表达式并化简。

$$F_0 = \overline{\overline{(I_1+I_9)}\cdot\overline{(I_3+I_7)}\cdot\overline{(I_5+I_7)}} = I_1+I_3+I_5+I_7+I_9$$

$$F_1 = \overline{\overline{(I_3+I_7)}\cdot\overline{(I_2+I_6)}} = I_2+I_3+I_6+I_7$$

$$F_2 = \overline{\overline{(I_5+I_7)}\cdot\overline{(I_4+I_6)}} = I_4+I_5+I_6+I_7$$

$$F_3 = \overline{\overline{I_8+I_9}} = I_8+I_9$$

② 根据逻辑表达式列出真值表，见表 4-12。

表 4-12 例题 4-8 真值表

输入	输出			
	F_3	F_2	F_1	F_0
I_0	0	0	0	0
I_1	0	0	0	1
I_2	0	0	1	0
I_3	0	0	1	1
I_4	0	1	0	0
I_5	0	1	0	1
I_6	0	1	1	0
I_7	0	1	1	1
I_8	1	0	0	0
I_9	1	0	0	1

③ 根据表 4-12 可知：逻辑电路有 I_0，I_1，I_2，I_3，I_4，I_5，I_6，I_7，I_8，I_9 10 个输入（I_0 的编码是隐含的），有 4 个输出 F_3，F_2，F_1，F_0，其关系满足 8421 BCD 码的编码方式，因此可判断图 4-18 所示逻辑电路是 8421 BCD 编码电路。

【例题 4-9】 根据表 4-13，用与非门组成相应的编码器。

表 4-13　例题 7-9 真值表

输 入	输 出		
	F_2	F_1	F_0
I_0	0	0	0
I_1	1	1	0
I_2	0	0	1
I_3	0	1	1
I_4	1	0	0

【解题思路】 本题考查的知识点是根据编码画出逻辑电路图。解题的步骤方法是：首先由编码表写逻辑函数表达式；其次根据表达式画出逻辑电路。应注意的是：I_0 对应的是 $F_2F_1F_0=000$ 这一组，对 I_0 编码来说属于隐含编码。

【解题结果】 由表 4-13 可得编码输出 F_2、F_1、F_0 的逻辑函数表达式：

$$F_0 = I_2 + I_3, F_1 = I_1 + I_3, F_2 = I_1 + I_4$$

根据题目要求，将各逻辑式变换为与非形式：

$$F_0 = \overline{\overline{I_2} \cdot \overline{I_3}}, F_1 = \overline{\overline{I_1} \cdot \overline{I_3}}, F_2 = \overline{\overline{I_1} \cdot \overline{I_4}}$$

相对应的编码电路如图 4-19 所示。

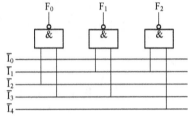

图 4-19　例题 4-19 图

4.3　译码器

学习目标：

① 了解译码器的基本功能。
② 了解典型集成译码电路的引脚功能并能正确使用。
③ 了解常用数码显示器件的基本结构和工作原理。
④ 通过搭接数码管显示电路，学会应用译码显示器。

组合逻辑电路的基本功能是进行判断，译码器就是体现这一功能的典型电路。它是一种能识别特定的二进制数的组合逻辑电路。数据有时需要显示，以便观察和控制。目前，各类数字显示器件，大都采用图形显示，常用的有半导体发光二极管显示器、液晶数码显示器、荧光数码管显示器等。学习译码器的基本知识是正确使用译码器的基础。

4.3.1　译码器的基本知识

译码是编码的逆过程，它将二进制数码按其原意翻译成相应的输出信号。实现译码功能的电路称为译码器。译码器大多由门电路构成，它是具有多个输入端和输出端的组合电路，如图 4-20 所示，输入端数 n 和输出端数 m 的关系为 $2^n \geq m$。当 $2^n = m$ 时称为全译码；当 $2^n > m$ 时称为部分译码。

译码器按用途不同可分为通用译码器和显示译码器两大类。通用译码器又分为二进制译码器、BCD 译码器，它们主要用来完成各种码制之间的转换；显示译码器主要用来译码并驱动显示器显示。

1．通用译码器

（1）二进制译码器

二进制译码器是将 n 位二进制数翻译成 $m=2^n$ 个输出信号的电路。2 位二进制译码器的示意图如图 4-21 所示，输入变量为 A 和 B，输出变量为 Y_0、Y_1、Y_2、Y_3，故为 2 线输入、4 线输出译码器，设输出高电平有效，其真值表见表 4-14。

图 4-20　译码器的框图　　　图 4-21　二进制译码器示意图

表 4-14　2 位二进制译码器真值表

输	入	输			出
B	A	Y_3	Y_2	Y_1	Y_0
0	0	0	0	0	1
0	1	0	0	1	0
1	0	0	1	0	0
1	1	1	0	0	0

由真值表可写出输出表达式：

$$Y_0 = \overline{AB} \qquad Y_1 = A\overline{B} \qquad Y_2 = \overline{A}B \qquad Y_3 = AB$$

由输出表达式可画出 2 位二进制译码器的逻辑电路图，如图 4-22 所示。

集成二进制译码器有 2 线-4 线译码器（74LS139）、3 线-8 线译码器（74LS138）和 4 线-16 线译码器（74LS154）等。

（2）二-十进制译码器（BCD 译码器）

将 BCD 码翻译成对应的 10 个十进制数字信号的电路，叫做二-十进制译码器。译码器的输入是十进制数的二进制编码，输出的 10 个信号与十进制数的 10 个数字相对应，其示意图如图 4-23 所示。图 4-24 所示为 8421 BCD 译码器逻辑图，输出低电平有效。表 4-15 为 8421 BCD 译码器真值表。

第4章 组合逻辑电路

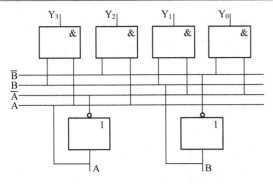

图 4-22 2 位二进制译码器的逻辑电路

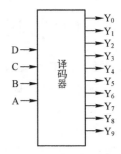

图 4-23 二-十进制译码器示意图

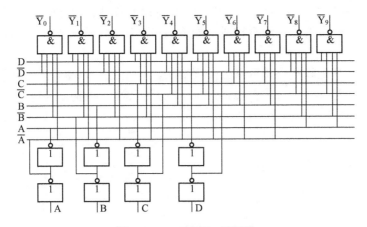

图 4-24 8421BCD 译码器

表 4-15 8421BCD 译码器真值表

十进制数	输入				输出									
	A	B	C	D	$\overline{Y_0}$	$\overline{Y_1}$	$\overline{Y_2}$	$\overline{Y_3}$	$\overline{Y_4}$	$\overline{Y_5}$	$\overline{Y_6}$	$\overline{Y_7}$	$\overline{Y_8}$	$\overline{Y_9}$
0	0	0	0	0	0	1	1	1	1	1	1	1	1	1
1	0	0	0	1	1	0	1	1	1	1	1	1	1	1
2	0	0	1	0	1	1	0	1	1	1	1	1	1	1
3	0	0	1	1	1	1	1	0	1	1	1	1	1	1
4	0	1	0	0	1	1	1	1	0	1	1	1	1	1
5	0	1	0	1	1	1	1	1	1	0	1	1	1	1
6	0	1	1	0	1	1	1	1	1	1	0	1	1	1
7	0	1	1	1	1	1	1	1	1	1	1	0	1	1
8	1	0	0	0	1	1	1	1	1	1	1	1	0	1
9	1	0	0	1	1	1	1	1	1	1	1	1	1	0

由电路图或真值表写出表达式：

$\overline{Y_0} = \overline{\overline{A} \cdot \overline{B} \cdot \overline{C} \cdot \overline{D}}$　　$\overline{Y_1} = \overline{\overline{A} \cdot \overline{B} \cdot \overline{C} D}$　　$\overline{Y_2} = \overline{\overline{A} \cdot \overline{B} C \overline{D}}$　　$\overline{Y_3} = \overline{\overline{A} \cdot \overline{B} C D}$　　$\overline{Y_4} = \overline{\overline{A} \cdot B \overline{C} \cdot \overline{D}}$

$\overline{Y_5} = \overline{A\overline{B}C\overline{D}}$ $\overline{Y_6} = \overline{A\overline{B}CD}$ $\overline{Y_7} = \overline{ABCD}$ $\overline{Y_8} = \overline{A\overline{B}\cdot\overline{C}\cdot\overline{D}}$ $\overline{Y_9} = \overline{A\overline{B}\cdot\overline{C}D}$

当输入为 1010～1111 六个码中任一个时，$\overline{Y_0} \sim \overline{Y_9}$ 均为 1，即得不到输出，该电路能拒绝伪码。

集成 8421 BCD 译码器有输入低电平有效也有输入高电平有效，可查阅相关资料。74LS42 就是集成 8421 BCD 译码器，并且为输出低电平有效。

2. 显示译码器

在数字系统中，运算、操作的对象主要是二进制数码。人们往往希望把运算或操作的结果用十进制数直观地显示出来，因此数字显示电路就成为此数字系统的一个组成部分。

数字显示器件的种类较多，目前广泛使用的有七段数码显示器。它由七段能各自独立发光的数码管按一定的方式组合构成，如图 4-25 所示为七段数码显示器的发光段分布及数字图形。

图 4-25（a）是七段数码显示器的排列形状，一定方式的发光段组合能显示出相应的十进制数码，例如当 a，b，c，d，e，f，g 段均发光时，就能显示数字"8"；当 a，c，d，f，g 发光时，就能显示数字"5"。

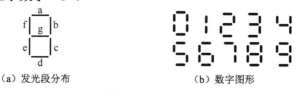

（a）发光段分布　　　　　　　　　　（b）数字图形

图 4-25　七段数码显示器的发光段分布及数字图形

1）常用的数码显示器

（1）半导体发光二极管显示器 (LED 数字显示器)

发光二极管与普通二极管的主要区别在于它外加正向电压导通时，能发出醒目的光。发光二极管工作时要加驱动电流。驱动电路通常采用与非门，由低电平驱动或高电平驱动，如图 4-26 所示，R_s 为限流电阻，调节 R_s 的大小可以改变流过发光二极管的电流，从而控制发光二极管的亮度。

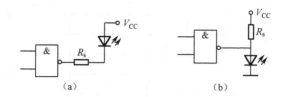

图 4-26　发光二极管的驱动电路

LED 数字显示器又称数码管，它由七段发光二极管封装组成，它们排列成"日"字形，如图 4-27 所示，其外形如图 4-28 所示。

LED 数码管内部发光二极管的接法有两种：共阳极接法和共阴极接法，如图 4-27 所示。

第 4 章 组合逻辑电路

共阳极接法时,将 LED 显示器中七个发光二极管的阳极共同连接,并接到电源。若要某段发光,该段相应的发光二极管阴极须经限流电阻 R 接低电平,如图 4-27(d)所示。

共阴极接法时,将 LED 显示器中七个发光二极管的阴极共同连接,并接地。若要某段发光,该段相应的发光二极管阳极应经限流电阻 R 接高电平,如图 4-27(b)所示。

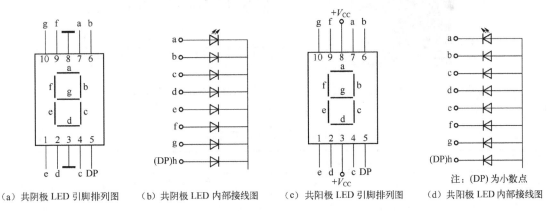

(a)共阴极 LED 引脚排列图　(b)共阴极 LED 内部接线图　(c)共阳极 LED 引脚排列图　(d)共阳极 LED 内部接线图

图 4-27　LED 数码管

(2)液晶数码显示器

液晶是一种介于固体和液体之间的有机化合物,它和液体一样可以流动,但在不同方向上的光学特性不同,具有类似于晶体的性质,故称这类物质为液晶。液晶数码显示器如图 4-29 所示。

图 4-28　LED 数字显示器外形图　　图 4-29　液晶数码显示器

液晶数码显示器的优点是工作电压低(2~6V)、功耗小($1\mu W/cm^2$ 以下),能与 CMOS 电路匹配;缺点是显示欠清晰,响应速度慢。

(3)荧光数码管显示器

荧光数码管显示器是一种分段式的电真空显示器件,其内部的阴极加热后发射出电子,经栅极电场加速,然后再撞击到加有正电压的阳极上,于是涂在阳极上的氧化锌荧光粉便发出荧光。荧光数码管的优点是工作电压低、电流小、清晰悦目、稳定可靠、视距较大、寿命较长;缺点是需要灯丝电源、强度差、安装不方便,如图 4-30 所示。

2)典型译码器功能介绍

译码器种类和型号很多,现以 74LS48 为例介绍如下。

74LS48 是七段显示译码器，其引脚如图 4-31 所示，其功能见表 4-16。它由全译码器和辅助功能控制电路两个部分组成。由功能表可知，当输入码对应的十进制数大于 9 时，七段显示器会显示一定的图形。从而可鉴别相应的输入情况。

图 4-30 荧光数码管显示器

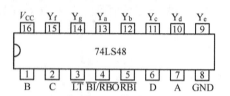

图 4-31 74LS48 的引脚图

表 4-16 74LS48 的功能表

序号	输入						输出							字形
	$\overline{LT}$	$\overline{RBI}$	D	C	B	A	$\overline{BI/RBO}$	Y_a	Y_b	Y_c	Y_d	Y_e	Y_f	Y_g	
0	1	1	0	0	0	0	1	1	1	1	1	1	1	0	0
1	1	×	0	0	0	1	1	0	1	1	0	0	0	0	1
2	1	×	0	0	1	0	1	1	1	0	1	1	0	1	2
3	1	×	0	0	1	1	1	1	1	1	1	0	0	1	3
4	1	×	0	1	0	0	1	0	1	1	0	0	1	1	4
5	1	×	0	1	0	1	1	1	0	1	1	0	1	1	5
6	1	×	0	1	1	0	1	0	0	1	1	1	1	1	6
7	1	×	0	1	1	1	1	1	1	1	0	0	0	0	7
8	1	×	1	0	0	0	1	1	1	1	1	1	1	1	8
9	1	×	1	0	0	1	1	1	1	1	0	0	1	1	9
10	1	×	1	0	1	0	1	0	0	0	1	1	0	1	⊏
11	1	×	1	0	1	1	1	0	0	1	1	0	0	1	⊐
12	1	×	1	1	0	0	1	0	1	0	0	0	1	1	⊔
13	1	×	1	1	0	1	1	1	0	0	1	0	1	1	E
14	1	×	1	1	1	0	1	0	0	0	1	1	1	1	ヒ
15	1	×	1	1	1	1	1	0	0	0	0	0	0	0	灭
×	×	×	×	×	×	×	0	0	0	0	0	0	0	0	灭
脉冲×	1	0	0	0	0	0	1	0	0	0	0	0	0	0	灭
灯测试	0	×	×	×	×	×	1	1	1	1	1	1	1	1	日

① $\overline{LT}$——试灯信号输入端。用于检查显示数码管的好坏，当 $\overline{LT}$=0，$\overline{BI}$=1 时，七段全亮，显示"日"。这表明数码管是好的，否则是坏的。

② $\overline{BI}$——熄灭控制信号输入端（与灭零信号输出端共用该端）。用于间歇显示的控

制，当 $\overline{BI}=0$ 时，不论输入 DCBA 和其他辅助控制信号是什么状态，七段全灭。

③ $\overline{RBI}$——灭零控制信号输入端。当 $\overline{RBI}=0$，且输入 DCBA=0000 时，七段全灭，数码管不显示。

④ $\overline{RBO}$——灭零控制信号输出端。在多位显示电路中，它与 $\overline{RBI}$ 配合使用。

当 $\overline{BI}/\overline{RBO}=\overline{DCBA}\cdot\overline{RBI}\cdot\overline{LT}=0$ 时，可将整数部分前面数位和小数部分后面数位的无效零熄灭。

3）译码显示电路

译码显示电路是由译码器、显示器构成的，图 4-32 所示为需外接电阻的译码显示电路。74LS48 是驱动共阴极 LED 数码管的，而 74LS49 是驱动共阳极 LED 数码管的。只要接通+5V 电源和将十进制数的 BCD 码接至译码器的相应输入端，即可显示 0～9 的数字。

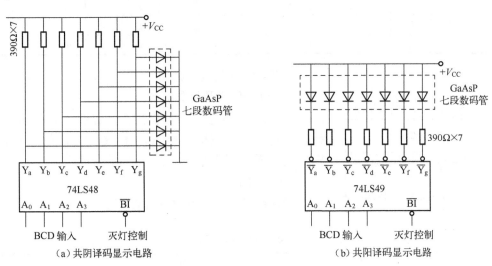

图 4-32 需外接电阻的译码显示电路

4.3.2 集成译码器产品简介

集成译码器有通用集成译码器和集成显示译码器（现在产品均包括驱动器）之分，常见的通用集成译码器有 74LS138、74LS42 等，常见的集成显示译码器有 74LS48，CC4511 等。下面仅介绍两种常见的通用集成译码器。

1. 74LS138 集成译码器

（1）封装形式及引脚排列

74LS138 是 2 位二进制译码器，其引脚排列如图 4-33 所示，它有 3 条输入线 A，B，C，8 条输出线 $\overline{Y_0}\sim\overline{Y_7}$，输出低电平有效。

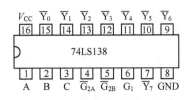

图 4-33 74LS138 的引脚图

（2）功能表

74LS138 的功能表见表 4-17。

表 4-17 74LS138 的功能表

输入						输出							
G_1	$\overline{G_{2A}}$	$\overline{G_{2B}}$	C	B	A	$\overline{Y_0}$	$\overline{Y_1}$	$\overline{Y_2}$	$\overline{Y_3}$	$\overline{Y_4}$	$\overline{Y_5}$	$\overline{Y_6}$	$\overline{Y_7}$
×	1	×	×	×	×	1	1	1	1	1	1	1	1
×	×	1	×	×	×	1	1	1	1	1	1	1	1
0	×	×	×	×	×	1	1	1	1	1	1	1	1
1	0	0	0	0	0	0	1	1	1	1	1	1	1
1	0	0	0	0	1	1	0	1	1	1	1	1	1
1	0	0	0	1	0	1	1	0	1	1	1	1	1
1	0	0	0	1	1	1	1	1	0	1	1	1	1
1	0	0	1	0	0	1	1	1	1	0	1	1	1
1	0	0	1	0	1	1	1	1	1	1	0	1	1
1	0	0	1	1	0	1	1	1	1	1	1	0	1
1	0	0	1	1	1	1	1	1	1	1	1	1	0

2. 74LS42 集成译码器

（1）封装形式及引脚排列

74LS42 是 8421 BCD 译码器，其引脚排列如图 4-34 所示，它有 4 个输入端 A，B，C，D，10 个输出端 $\overline{Y_0} \sim \overline{Y_9}$，输出低电平有效。

（2）功能表

74LS42 的功能表见表 4-18。

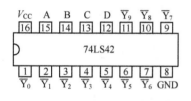

图 4-34 74LS42 的引脚图

表 4-18 74LS42 的功能表

输入				输出									
D	C	B	A	$\overline{Y_0}$	$\overline{Y_1}$	$\overline{Y_2}$	$\overline{Y_3}$	$\overline{Y_4}$	$\overline{Y_5}$	$\overline{Y_6}$	$\overline{Y_7}$	$\overline{Y_8}$	$\overline{Y_9}$
0	0	0	0	0	1	1	1	1	1	1	1	1	1
0	0	0	1	1	0	1	1	1	1	1	1	1	1
0	0	1	0	1	1	0	1	1	1	1	1	1	1
0	0	1	1	1	1	1	0	1	1	1	1	1	1
0	1	0	0	1	1	1	1	0	1	1	1	1	1
0	1	0	1	1	1	1	1	1	0	1	1	1	1
0	1	1	0	1	1	1	1	1	1	0	1	1	1
0	1	1	1	1	1	1	1	1	1	1	0	1	1
1	0	0	0	1	1	1	1	1	1	1	1	0	1
1	0	0	1	1	1	1	1	1	1	1	1	1	0

典型例题分析

【例题 4-10】 画出与表 4-19 所列编码表相对应的由与非门组成的译码器逻辑电路，

第 4 章 组合逻辑电路

要求低电平输出有效。

表 4-19 编码表

输入	输出		
	F_2	F_1	F_0
I_0	0	0	0
I_1	1	1	0
I_2	0	0	1
I_3	0	1	1
I_4	1	0	0

【解题思路】 本题目的意图是认识编码和译码是一个互逆的过程,了解译码器设计的基本思路与方法。解题的步骤是:先列真值表,其次写出逻辑函数表达式,最后画出逻辑电路图。

【解题结果】 ①按题目要求列出相应的译码表,见表 4-20。

表 4-20 译码表

输入			输出				
A_2	A_1	A_0	$\overline{F_0}$	$\overline{F_1}$	$\overline{F_2}$	$\overline{F_3}$	$\overline{F_4}$
0	0	0	0	1	1	1	1
1	1	0	1	0	1	1	1
0	0	1	1	1	0	1	1
0	1	1	1	1	1	0	1
1	0	0	1	1	1	1	0

② 根据表 4-20 写出各输出端逻辑函数表达式:

$$\overline{F_0}=\overline{\overline{A_0}\,\overline{A_1}\,\overline{A_2}},\overline{F_1}=\overline{\overline{A_0}A_1A_2},\overline{F_2}=\overline{A_0\,\overline{A_1}\,\overline{A_2}},\overline{F_3}=\overline{A_0A_1\,\overline{A_2}},\overline{F_4}=\overline{\overline{A_0}\,\overline{A_1}A_2}$$

③ 根据逻辑函数表达式画出相应的译码电路,如图 4-35 所示。

【例题 4-11】 分析图 4-36 所示电路的逻辑功能。

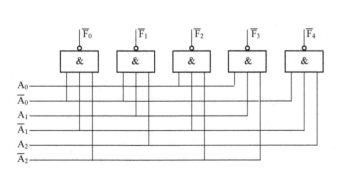

图 4-35 例题 3-10 图

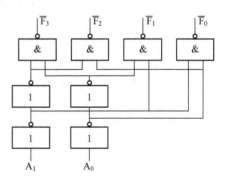

图 4-36 例题 4-11 图

【解题思路】 本题考查的是译码电路的分析。译码电路属组合逻辑电路的一种类型，电路分析方法如前文所介绍。具体分为三个步骤：首先根据逻辑电路写出逻辑函数表达式，其次是化简函数表达式，最后是列出真值表，然后分析电路的功能。

【解题结果】（1）根据图 4-36 所示的逻辑电路写出 $\overline{F_3}$，$\overline{F_2}$，$\overline{F_1}$，$\overline{F_0}$ 的表达式：

$$\overline{F_0}=\overline{\overline{A_1}\,\overline{A_0}},\overline{F_1}=\overline{\overline{A_0}\,A_1},\overline{F_2}=\overline{\overline{A_0}A_1},\overline{F_3}=\overline{A_0A_1}$$

（2）本题不用化简，可根据逻辑函数表达式直接列真值表，见表 4-21。

表 4-21 例题 4-11 真值表

输入		输出			
A_1	A_0	$\overline{F_3}$	$\overline{F_2}$	$\overline{F_1}$	$\overline{F_0}$
0	0	1	1	1	0
0	1	1	1	0	1
1	0	1	0	1	1
1	1	0	1	1	1

由真值表 4-21 可知，图 4-36 所示组合逻辑电路是一个 2 线-4 线译码器，输出低电平有效。

4.3.3 实训项目：七段显示器的安装连接和功能测试

1．技能目标

① 能根据电路原理图正确安装七段显示器电路。
② 通过实践操作进一步掌握译码器的使用方法。
③ 能正确调试、测量电路功能，掌握电路故障的排除方法。

2．工具、元件和仪器

① 常用电子装配工具。
② CD4511 等。
③ 万用表。

3．技能训练

（1）电路原理图

七段显示器的电路原理图如图 4-37 所示。

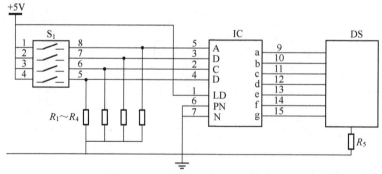

图 4-37 七段显示器电路原理图

第4章 组合逻辑电路

S_1拨码开关输入二进制编码通过IC（CD4511）译码驱动数码显示管DS，显示相应的十进制数字。

（2）装配要求和方法

工艺流程：准备→熟悉工艺要求→绘制装配草图→核对元件数量、规格、型号→元件检测→元器件预加工→装配、焊接→总装加工→自检。

具体操作过程详见1.2.3小节实训项目，表4-22七段显示器元件清单。

表4-22 七段显示器元件清单

代 号	品 名	型号/规格	数 量
S_1	拨码开关	DIP-4T	1
IC	数字集成电路	CD4511	1
DS	数码管	共阴极	1
$R_1 \sim R_4$	碳膜电阻	10kΩ	4
R_5	碳膜电阻	680Ω	1

（3）调试、测量

① 装配完成后，对照电路原理图进行检查。

② 检查无误后，插上集成电路后，通电。

③ 将S_1拨码开关按表4-23所列拨动并观察现象，测量IC的输入、输出电压，将测试结果填入表4-23中。

（4）实训项目考核评价

完成实训项目，填写表4-24所列评价表。

表4-23 七段显示器实训项目测量表

S_1 开关状态				CD4511										数码管显示
				输入			输出							
4	3	2	1	D	C	B	A	a	b	c	d	e	f	g	
OFF	OFF	OFF	OFF												
OFF	OFF	OFF	ON												
OFF	OFF	ON	OFF												
OFF	OFF	ON	ON												
OFF	ON	OFF	OFF												
OFF	ON	OFF	ON												
OFF	ON	ON	OFF												
OFF	ON	ON	ON												
ON	OFF	OFF	OFF												
ON	OFF	OFF	ON												

表 4-24 七段显示器实训项目考核评价表

评价指标	评 价 要 点	评 价 结 果				
		优	良	中	合格	差
理论知识	1. 译码器知识掌握情况					
	2. 数码管显示原理掌握情况					
	3. 装配草图绘制情况					
技能水平	1. 元件识别与清点					
	2. 实训项目工艺情况					
	3. 实训项目调试测量情况					
	4. 测量操作熟练度					
安全操作	能否按照安全操作规程操作,有无发生安全事故,有无损坏仪表					
总评	评别	优	良	中	合格	差	总评得分	
		100～88	87～75	74～65	64～55	≤54	

思考题与习题 4

4-1 组合逻辑电路的主要特点是什么?

4-2 用公式法化简逻辑函数的主要方法有哪些?

4-3 用公式法化简下列逻辑函数。

(1) $A \cdot \bar{B} \cdot C + \bar{A} \cdot B \cdot C + A \cdot B \cdot C + \bar{A} \cdot \bar{B} \cdot C$

(2) $\bar{A} \cdot \bar{B} + A \cdot B + \bar{A} \cdot \bar{B} \cdot C + A \cdot B \cdot C$

(3) $\overline{AB + \overline{AB}}$

(4) $A \cdot \bar{B} + \bar{A} \cdot C + B \cdot C$

(5) $A \cdot \bar{B} + \bar{B} \cdot C + B \cdot \bar{C} + \bar{A} \cdot B$

(6) $AC + \overline{BC} + A\bar{B}(C + \bar{C})$

4-4 写出题 4-4 图所示两图的逻辑表达式。

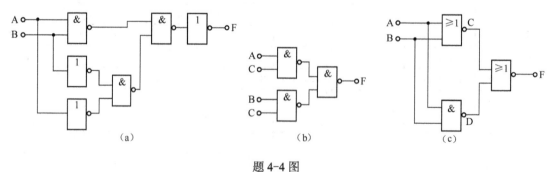

题 4-4 图

4-5 试分析题 4-5 图所示电路的逻辑功能。

第 4 章 组合逻辑电路

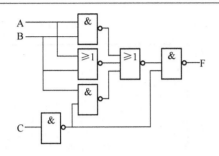
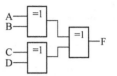

题 4-5 图

4-6 试分析题 4-6 图电路的逻辑功能。

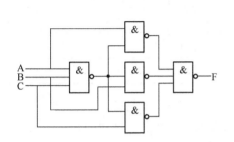
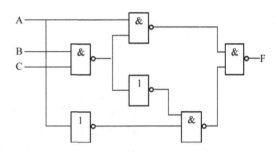

题 4-6 图

4-7 试设计一个用与非门实现的监测信号灯工作状态的逻辑电路。一组信号灯由红、黄、绿三盏灯组成，正常工作情况下，任何时刻只能红或绿、红或黄、黄或绿灯亮。其他情况视为故障情况，要求发出故障信号。

4-8 设三台电动机 A，B，C，要求：(1) A 开机则 B 也必须开机；(2) B 开机则 C 也必须开机。如果不满足上述要求，即发出报警信号。试写出报警信号的逻辑表达式，并画出逻辑图。

4-9 题 4-9 图所示的是用与非门构成的 3 位二进制编码器，写出 Y_2，Y_1，Y_0 的逻辑表达式。

4-10 写出题 4-10 图所示电路的输出量逻辑表达式，列出真值表，并分析电路的功能。

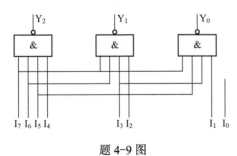
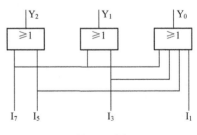

题 4-9 图　　　　　　　　　　题 4-10 图

4-11 题 4-11 图所示为一个编码电路，7 个输入端的状态见题 4-11 表。试将输出端 F_3，F_2，F_1 的对应状态填入表中。

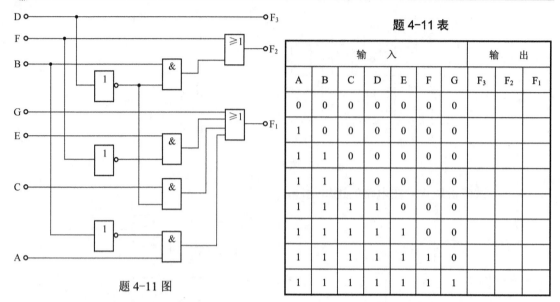

题 4-11 图

题 4-11 表

输入							输出		
A	B	C	D	E	F	G	F_3	F_2	F_1
0	0	0	0	0	0	0			
1	0	0	0	0	0	0			
1	1	0	0	0	0	0			
1	1	1	0	0	0	0			
1	1	1	1	0	0	0			
1	1	1	1	1	0	0			
1	1	1	1	1	1	0			
1	1	1	1	1	1	1			

4-12 根据 74LS42 集成译码器功能表（见表 4-18），回答以下问题。

（1）74LS42 的输入、输出端各有几个？输出端的有效电平是怎么规定的？

（2）输入 DCBA = 0011 时，对应的有效输出端是什么？

（3）为使 $\overline{Y}_6$ 端输出为低电平，输入端 DCBA 应置何电平？

第 5 章 时序逻辑电路

在实际工作和日常生活中我们常遇到多个用户申请同一服务，而服务者在同一时间只能服务于一个用户的情况，这时就需要把其他用户的申请信息先存起来，然后再进行服务，图 5-1 就是一个这样例子的示意图。其中，将用户的申请信息先存起来就需要使用具有记忆功能的部件。在数字电路中，也同样会有这样的问题。如要对二值（0，1）信号进行逻辑运算，常要将这些信号和运算结果保存起来。因此，也需要使用具有记忆功能的基本单元电路。

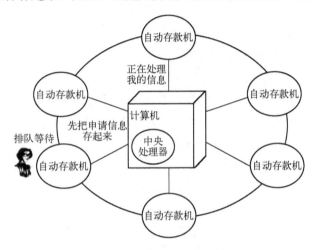

图 5-1 触发器作用的示意图

前文所介绍的电路是组合逻辑电路，其输出只与当时的输入有关，与电路过去的输入无关。本章所介绍的电路某一时刻的输出状态不仅与当时的输入状态有关，还与电路原来的状态有关，具有记忆功能。这类电路一般由门电路和触发器组成，称为时序逻辑电路。时序逻辑电路由组合逻辑电路和存储电路两部分组成。

5.1 RS 触发器

学习目标：
① 了解基本 RS 触发器的电路组成，掌握 RS 触发器所能实现的逻辑功能。
② 了解同步 RS 触发器的特点、时钟脉冲的作用，掌握其逻辑功能。

在各种复杂的数字系统中，不仅要对数字信号进行运算，而且常常还要将这些信号和运算结果保存起来。触发器就是这种具有记忆功能、数字信息存储功能的基本单元电路。它是一种双稳态器件，一个触发器能够存储 1 位二进制数码。RS 触发器是构成各种实用触发器的基础。因此，掌握 RS 触发器的逻辑电路结构与逻辑功能是深入学习其他触发器的基础。

5.1.1 基本 RS 触发器

触发器是具有记忆功能、能存储数字信息的最常用的一种基本单元电路。按触发方式的不同，触发器可以分为同步触发器、主从触发器及边沿触发器等；根据逻辑功能的差异，可分为 RS 触发器、JK 触发器、D 触发器等几种。

基本 RS 触发器是构成各种功能触发器最基本的单元，可以用来表示和存储 1 位二进制数码。

1. "与非"型基本 RS 触发器

1) 电路组成

"与非"型基本 RS 触发器由两个与非门 G_1 和 G_2 交叉相连而成，如图 5-2（a）所示，图 5-2（b）所示为逻辑符号。图中，$\overline{R}$ 和 $\overline{S}$ 为触发器的输入端，字母上面的反号及电路中 $\overline{R}$ 和 $\overline{S}$ 端的圆圈表示低电平有效。Q 和 $\overline{Q}$ 是触发器的两个输出端，正常工作时这两个输出端状态相反。触发器的输出状态有两个：0 态（通常规定 Q=0，$\overline{Q}$=1 时）和 1 态（Q=1，$\overline{Q}$=0 时）。

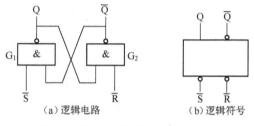

图 5-2 "与非型"基本 RS 触发器

2) 逻辑功能

根据 $\overline{R}$ 和 $\overline{S}$ 输入的不同，可以得出基本 RS 触发器的逻辑功能。

(1) $\overline{R}=\overline{S}=1$ 时，触发器保持原状态不变

当 $\overline{R}=\overline{S}=1$ 时，电路可有两个稳定状态——0 态和 1 态。如果电路处于 0 态即 Q=0，$\overline{Q}$=1 时，$\overline{Q}$ 反馈到 G_1 输入端，G_1 的两个输入端均为 1，使 Q 为低电平 0，Q 反馈到 G_2，由于这时 $\overline{R}$=1，使 $\overline{Q}$ 为高电平 1，保证了 Q=0，电路保持 0 态。如果电路处于 1 态即 Q=1，$\overline{Q}$=0 时，Q 反馈到 G_2 输入端，使 $\overline{Q}$ 为低电平 0，$\overline{Q}$ 反馈到 G_1 的输入端，由于这时 $\overline{S}$=1，使 Q 为高电平 1，保持 $\overline{Q}$=0，电路保持 1 态。可见，触发器保持原状态不变，也就是触发器将原有的状态存储起来，即通常所说的触发器具有记忆功能。

(2) $\overline{R}=1$，$\overline{S}=0$ 时，触发器被置成 1 态

由于 $\overline{S}$=0（在 $\overline{S}$ 端加有低电平触发信号），G_1 门的输出 Q=1，G_2 的输入全为 1，$\overline{Q}$=0，即触发器被置成 1 状态。因此，称 $\overline{S}$ 端为置 1 输入端，又称置位端。

(3) $\overline{R}=0$，$\overline{S}=1$ 时，触发器被置成 0 态

由于 $\overline{R}$=0（在 $\overline{R}$ 端加有低电平触发信号）时，G_2 门的输出 $\overline{Q}$=1，G_1 门输入全为 1，Q=0，即触发器被置成 0 态。因此，称 $\overline{R}$ 端为置 0 输入端，又称复位端。

(4) $\overline{R}=0$，$\overline{S}=0$ 时，触发器状态不定

当 $\overline{R}$=0，$\overline{S}$=0（在 $\overline{R}$，$\overline{S}$ 端同时加有低电平触发信号）时，G_1 和 G_2 门的输出 Q=$\overline{Q}$=1，这在 RS 触发器中属于不正常状态。这是因为在这种情况下，当 $\overline{R}=\overline{S}=0$ 的

第 5 章 时序逻辑电路

信号同时消失变为高电平时,由于无法预知 G_1 和 G_2 门延迟时间的差异,故触发器转换到什么状态将不能确定,可能为 1 态,也可能为 0 态。因此,对于这种随机性的不定输出,在使用中是不允许出现的,应予以避免。

由上述可见,"与非"型基本 RS 触发器具有保持、置 0 和置 1 的逻辑功能。

3) 真值表

由"与非"型基本 RS 触发器的逻辑功能可列出其真值表,见表 5-1。

表 5-1 "与非"型基本 RS 触发器真值表

$\overline{R}$	$\overline{S}$	Q^{n+1}	逻辑功能
0	0	不定	避免
0	1	0	置 0
1	0	1	置 1
1	1	Q^n	保持

表 5-1 中, Q^n 称为现态或初态,指的是输入信号作用之前触发器的状态, Q^{n+1} 称为次态,指的是输入信号作用之后触发器的状态。

4) 时序图

时序图(又称波形图)是以输出状态随时间变化的波形图的方式来描述触发器的逻辑功能。用波形图的形式可以形象地表达输入信号、输出信号、电路状态等的取值在时间上的对应关系。在图 5-2(a)所示电路中,假设触发器的初始状态为 $Q=0$, $\overline{Q}=1$,触发信号 $\overline{R}$ 和 $\overline{S}$ 的波形已知,则 Q 和 $\overline{Q}$ 的波形如图 5-3 所示。

2. "或非"型基本 RS 触发器

(1) 电路组成

基本 RS 触发器除了可用上述与非门组成外,也可以利用两个或非门来组成,其逻辑图和逻辑符号如图 5-4 所示。在这种基本 RS 触发器中,触发输入端 R 和 S 通常处于低电平状态,当有触发信号输入时变为高电平。Q 和 $\overline{Q}$ 是触发器的两个互补输出端。

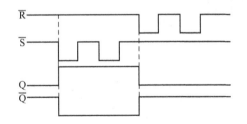

图 5-3 "与非"型基本 RS 触发器时序图

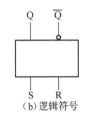

图 5-4 "或非型"基本 RS 触发器

(2) 逻辑功能

根据 R 和 S 输入的不同,可以得出"或非型"基本 RS 触发器的逻辑功能。

① 当 R=0, S=0 时,触发器保持原状态不变。

② 当 R=0, S=1 时,即在 S 端输入高电平,不论原有 Q 为何状态,触发器都置 1。

③ 当 R=1，S=0 时，即在 R 端输入高电平，不论原有 Q 为何状态，触发器都置 0。

④ 当 R=1，S=1 时，即在 R 和 S 端同时输入高电平，两个或非门的输出全为 0，当两输入端的高电平同时消失时，由于或非门延迟时间的差异，触发器的输出状态是 1 态还是 0 态将不能确定，即状态不定，因此应当避免这种情况。

根据上述逻辑关系，可以列出由或非门组成的基本 RS 触发器的真值表，见表 5-2，其时序图如图 5-5 所示。

表 5-2　"或非"型基本 RS 触发器真值表

R	S	Q^{n+1}	逻辑功能
0	0	Q^n	保持
0	1	1	置 1
1	0	0	置 0
1	1	不定	避免

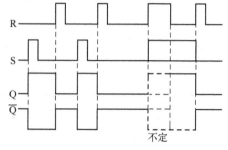

图 5-5　"或非"型基本 RS 触发器时序图

3．实际应用

常用的机械开关都有抖动现象，而采用如图 5-6（a）所示电路，可消除开关的抖动。图 5-6（a）所示电路中采用了 RS 触发器，当开关由 A 扳向 B 时，触点 B 则由于开关的弹性回跳，需要过一段时间才能稳定在低电平，造成 $\overline{S}$ 在 0 和 1 之间来回变化，$\overline{R}$ 和 $\overline{S}$ 的波形如图 5-6（b）所示。尽管如此，但在 $\overline{S}$ 端出现的第一个低电平时，就使 Q 端由 0 状态变为 1 状态，如图 5-6（b）所示 Q 端的输出波形。一旦 Q 置 1，即使 $\overline{S}$ 在 0 和 1 之间来回变化，输出 Q 端都无抖动，也就是说，触发器输出波形无抖动。

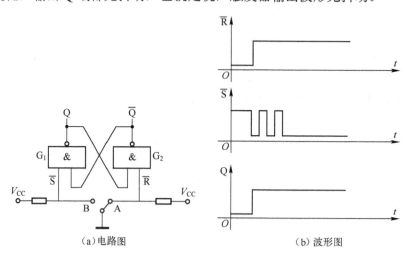

图 5-6　基本 RS 触发器输出波形无抖动电路及波形

4．集成基本 RS 触发器

在实际的数字电路中，CC4043 是由 4 个或非门基本 RS 触发器组成的锁存器集成电路，其引脚排列图如图 5-7 所示。其中，NC 表示空脚。CC4043 内包含 4 个基本 RS 触发器。它采用三态单端输出，由芯片的 5 脚 EN 信号控制。电路的核心是或非门结构，输入信号经非门倒相，高电平为有效信号。CC4043 功能表见表 5-3。

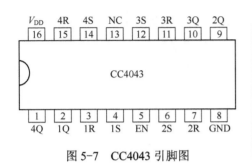

图 5-7 CC4043 引脚图

表 5-3 CC4043 功能表

输	入		输　出
S	R	EN	Q
×	×	0	高阻
0	0	1	Q^n（原态）
0	1	1	0
1	0	1	1
1	1	1	1

5.1.2　同步 RS 触发器

在生活中，常常会遇到图 5-8 所示的情况：要等时间到了，几个门同时打开，即同步。在数字系统中，为保证各部分电路工作协调一致，常常要求某些触发器于同一时刻动作，为此引入同步信号，使这些触发器只有在同步信号到达时才能按输入信号改变状态。通常把这个同步控制信号称为时钟信号，简称时钟，用 CP 表示。把受时钟控制的触发器统称为时钟触发器或同步触发器。

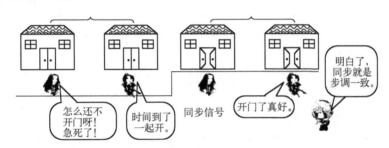

图 5-8　同步概念示意图

1. 电路组成

同步 RS 触发器是同步触发器中最简单的一种，其逻辑电路和逻辑符号如图 5-9 所示。图 5-9 中，G_1 和 G_2 组成基本 RS 触发器，G_3 和 G_4 组成输入控制门电路。CP 是时钟脉冲的输入控制信号，S 和 R 是输入端，Q 和 $\overline{Q}$ 是互补输出端；$\overline{R_d}$ 是异步置 0 端，$\overline{S_d}$ 是异步置 1 端，$\overline{R_d}$ 和 $\overline{S_d}$ 不受时钟脉冲控制，可以直接置 0 或置 1。

2. 逻辑功能

同步 RS 触发器的逻辑功能如下：

① 当 CP = 0 时，G_3 和 G_4 门被封锁，$Q_3 = 1$，$Q_4 = 1$，此时 R 和 S 端的输入不起作用，所以触发器保持原状态不变。

② 当 CP = 1 时，G_3 和 G_4 门打开，$Q_3 = \overline{S}$，$Q_4 = \overline{R}$，触发器将按基本 RS 触发器的规律发生变化。

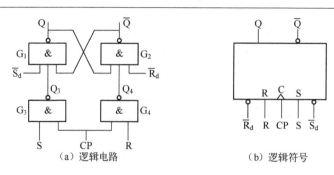

图 5-9 同步 RS 触发器

3. 真值表

同步 RS 触发器的真值表见表 5-4。

表 5-4 同步 RS 触发器的真值表

时钟脉冲 CP	输入信号		输出状态 Q^{n+1}	逻辑功能
	S	R		
0	×	×	Q^n	保持
1	0	0	Q^n	保持
1	0	1	0	置 0
1	1	0	1	置 1
1	1	1	不定	避免

4. 同步触发特点

在 CP=1 的全部时间里，R 和 S 的变化均将引起触发器输出端状态的变化。这就是同步 RS 触发器的动作特点。

由此可见，在 CP=1 的期间，输入信号的多次变化，触发器也随之多次变化，这种现象称空翻。空翻现象会造成逻辑上的混乱，使电路无法正常工作。这也是同步 RS 触发器除了存在状态不确定的缺点外，存在的另一个缺点——空翻现象。为了克服上述缺点，后面将介绍功能更加完善的主从 RS 触发器、JK 触发器和 D 触发器。

5. 主从 RS 触发器

为提高触发器工作的稳定性，希望在每个 CP 周期里输出端的状态只能改变一次。因此，在同步 RS 触发器的基础上设计出了主从 RS 触发器。主从 RS 触发器是由两级触发器构成的。其中，一级直接接收输入信号，称为主触发器；另一级接收主触发器的输出信号，称为从触发器。两级触发器的时钟信号互补，主触发器接收输入与从触发器改变输出状态分开进行，从而有效地克服了空翻。

主从 RS 触发器的真值表与同步 RS 触发器相同。

典型例题分析

【例题 5-1】 由与非门构成的基本 RS 触发器，在以下情况时输出 Q 如何变化？

（1）在 $\overline{R}=0$ 时，改变 $\overline{S}$ 的状态；

（2）在 $\overline{R}=1$ 时，改变 $\overline{S}$ 的状态。

【解题思路】 本题的意图是分析基本 RS 触发器输入信号变化对输出信号的影响，以进一步理解和掌握其逻辑功能。解题时应注意：与非门构成的基本 RS 触发器的输入信号 $\overline{R}$ 和 $\overline{S}$ 带有非号，是低电平有效；另外，在 $\overline{R}$ 与 $\overline{S}$ 同时为低电平时，输出 Q 与 $\overline{Q}$ 也同时为高电平。$\overline{R}$ 与 $\overline{S}$ 同时由低电平变为高电平时，才会出现输出状态的不确定。

【解题结果】 （1）在 $\overline{R}=0$ 时，若原来 $\overline{S}$ 为 1 状态，则原来输出 Q 为 0。$\overline{S}$ 由 1 变为 0 后，则 $\overline{R}=0$，$\overline{S}=0$，Q 就由 0 变为 1。

在 $\overline{R}=0$ 时，若原来 $\overline{S}$ 为 0 状态，则原来 Q 为 1。$\overline{S}$ 由 0 变为 1 后，则有 $\overline{R}=0$，$\overline{S}=1$，Q 就由 1 变为 0。

（2）在 $\overline{R}=1$ 时，若原来 $\overline{S}$ 为 1 状态，则原来为保持状态，Q 有可能是 1 状态，也有可能是 0 状态。$\overline{S}$ 由 1 变为 0 后，则有 $\overline{R}=1$，$\overline{S}=0$，Q 就被置 1，若原来 Q 为 0 就转变为 1；若原来 Q 为 1 就仍保持 1 状态。

【例题 5-2】 同步 RS 触发器初始处于 0 状态，已知时钟脉冲 CP 和输入信号 S，R 的波形如图 5-10 所示，画出输出 Q 的波形。

【解题思路】 本题考查的知识点是同步 RS 触发器的逻辑功能。同步 RS 触发器状态的变化不仅取决于输入信号的变化，还取决于时钟脉冲 CP 的作用，输入信号 R 和 S 仅在 CP=1（或 $\overline{CP}=0$）时才能被触发器接收并使输出状态发生相应的变化。CP 不在规定的电位时，触发器不接收输入信号 R 和 S，且维持原状态不变。解题方法是，根据逻辑功能表逐个时间段分析输入、输出信号之间的关系。

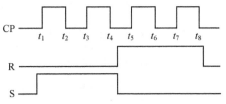

图 5-10 例题 5-2 图

【解题结果】 （1）t_1 时刻前，CP=0，R 和 S 不起作用，Q 保持原状态 0 不变。

（2）$t_1 \sim t_2$ 期间，CP=1，R 和 S 起作用，此时 R=0，S=1，电路具有置 1 功能，Q 翻转为 1 状态。

（3）$t_2 \sim t_3$ 期间，CP=0，R 和 S 不起作用，Q 保持原状态 1 不变。

（4）$t_3 \sim t_4$ 期间，CP=1，R=0，S=1，电路具有置 1 功能，Q 保持原状态 1 不变。

（5）$t_4 \sim t_5$ 期间，CP=0，Q 保持原状态 1 不变。

（6）$t_5 \sim t_6$ 期间，CP=1，R=1，S=0，电路具有置 0 功能，Q 由 1 状态翻转为 0 状态。

（7）$t_6 \sim t_7$ 期间，CP=0，电路保持原状态。

（8）$t_7 \sim t_8$ 期间，CP=1，R=1，S=0，电路具有置 0 功能，Q 仍保持 0 状态不变。

根据逐个时间段的分析，画出的 Q 波形，如图 5-11 所示。

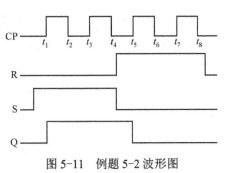

图 5-11 例题 5-2 波形图

5.2 时钟触发器

学习目标:

① 熟悉 JK 触发器的电路符号,了解 JK 触发器的工作原理和边沿触发方式。
② 会使用 JK 触发器。
③ 通过操作,掌握 JK 触发器的逻辑功能。

主从 RS 触发器虽然解决了空翻的问题,但输入信号仍需遵守约束条件 RS=0。为了使用方便,希望即使出现 R=S=1 的情况,触发器的状态也是确定的。为此,通过改进触发器的电路结构,设计出了主从 JK 触发器。为了提高触发器工作的可靠性,增强抗干扰能力,设计了边沿 JK 触发器。边沿 JK 触发器只在 CP 的上升沿(或下降沿),根据输入信号的状态翻转,而在 CP=0 或 CP=1 期间,输入信号的变化对触发器的状态没有影响。边沿触发器分为 CP 上升沿触发和 CP 下降沿触发两种,也称正边沿触发和负边沿触发。通过学习,能正确使用各种 JK 触发器。

5.2.1 主从 JK 触发器

1. 电路组成和逻辑符号

将主从 RS 触发器的 Q 端和 $\overline{Q}$ 端反馈到 G_7 和 G_8 的输入端,并将 S 端改称为 J 端,R 端改为 K 端,即构成了主从 JK 触发器。其逻辑电路如图 5-12(a)所示,图 5-12(b)所示为其逻辑符号。

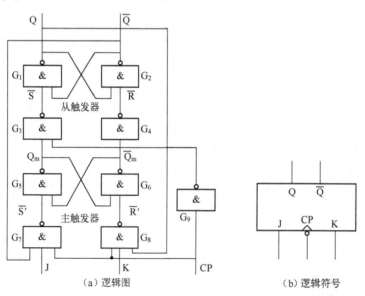

图 5-12 主从 JK 触发器

2. 逻辑功能

主从 JK 触发器的逻辑功能如下：

① J=1，K=1 时，在 CP 作用后，触发器的状态总发生一次翻转，具有计数翻转功能。

② J=0，K=1 时，无论触发器的初始状态是 0 还是 1，在 CP 脉冲下降沿到来时，触发器的状态为 0 态，具有置 0 功能。

③ J=1，K=0 时，无论触发器的初始状态是 0 还是 1，在 CP 脉冲下降沿到来时，触发器的状态为 1 态，具有置 1 功能。

④ J=0，K=0 时，在 CP 脉冲下降沿到来时，触发器保持原来的状态不变，触发器具有保持功能。

表 5-5 主从 JK 触发器的真值表

CP	J	K	Q^{n+1}	逻 辑 功 能
↓	0	0	Q^n	保持
↓	0	1	0	置 0
↓	1	0	1	置 1
↓	1	1	$\overline{Q^n}$	翻转

可见，主从 JK 触发器是一种具有保持、翻转、置 0、置 1 功能的触发器，其真值表见表 5-5。

5.2.2 边沿 JK 触发器

1. 逻辑符号

图 5-13 所示为边沿 JK 触发器的逻辑符号，其中图 5-13（a）所示为 CP 上升沿触发型，图 5-13（b）所示为 CP 下降沿触发型，除此之外，二者的逻辑功能完全相同。图中，J 和 K 为触发信号输入端，$\overline{R_d}$ 和 $\overline{S_d}$ 为异步直接复位端和异步直接置位端，二者均为低电平有效，Q 和 $\overline{Q}$ 为互补输出端。

2. 逻辑功能

边沿 JK 触发器的逻辑功能如下：

① J=1，K=1 时，在 CP 作用后，触发器的状态总发生一次翻转，具有计数翻转功能。

② J=0，K=1 时，无论触发器的初始状态是 0 还是 1，在 CP 脉冲下降沿（或上升沿）到来时，触发器的状态为 0 态，具有置 0 功能。

③ J=1，K=0 时，无论触发器的初始状态是 0 还是 1，在 CP 脉冲下降沿（或上升沿）到来时，触发器的状态为 1 态，触发器具有置 1 功能。

④ J=0，K=0 时，在 CP 脉冲下降沿（或上升沿）到来时，触发器保持原来的状态不变，触发器具有保持功能。

边沿 JK 触发器的真值表同主从 JK 触发器。

3. 时序图

图 5-14 所示为负边沿 JK 触发器的时序图。

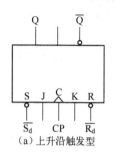
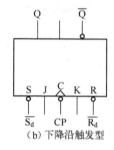

（a）上升沿触发型　　（b）下降沿触发型

图 5-13　边沿 JK 触发器

图 5-14　负边沿 JK 触发器的时序图

 典型例题分析

【例题 5-3】 某 JK 触发器的初态 Q = 0，CP 的上升沿触发，试根据图 5-15 所示的 CP，J，K 的波形，画出输出 Q 与 $\overline{Q}$ 的波形图。

【解题思路】 本题是通过作图来考查对 JK 触发器逻辑功能的掌握情况。解题方法是，根据逻辑功能逐个分析 CP 脉冲上升沿时刻输入与输出之间的关系。

【解题结果】 $t_1 \sim t_6$ 是各个时钟脉冲的上升沿时刻。

（1） t_1 时刻，J=0，K=1，触发器置 0，即 Q = 0，$\overline{Q}$ = 1；

（2） t_2 时刻，J=1，K=1，触发器翻转，即 Q = 1，$\overline{Q}$ = 0；

（3） t_3 时刻，J=1，K=0，触发器置 1，即 Q = 1，$\overline{Q}$ = 0；

（4） t_4 时刻，J=0，K=1，触发器置 0，即 Q = 0，$\overline{Q}$ = 1；

（5） t_5 时刻，J=1，K=0，触发器置 1，即 Q = 1，$\overline{Q}$ = 0；

（6） t_6 时刻，J=0，K=1，触发器置 0，即 Q = 0，$\overline{Q}$ = 1。

根据以上分析作图，输出 Q 与 $\overline{Q}$ 的波形如图 5-16 所示。

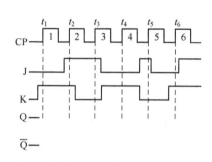
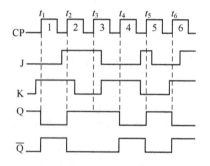

图 5-15　例题 5-3 图　　　　　　图 5-16　例题 5-3 的解题结果

【例题 5-4】 如图 5-17 所示电路中，各触发器初始状态均为 0，试画出在 CP 信号作用下各触发器输出端的波形。

【解题思路】 本题考查的是熟悉 JK 触发器的逻辑功能及输出波形的画法。解题的方法是，分析每个 CP 脉冲作用时刻输入端 J 和 K 的电平情况，根据 JK 触发器逻辑功能可确定输出的状态，根据输出电平的高低变化可画出波形图。

【解题结果】 图 5-17（a）中，初态时，J=1，K=$\overline{Q}$=1，第 1 个 CP 的下降沿时刻，触发器翻转，Q_1 端由 0 正跳为 1。

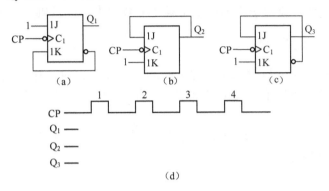

图 5-17 例题 5-4 图

第 2 个 CP 下降沿时刻，J=1，K=$\overline{Q}$=0，触发器置 1，Q_1 端仍为 1。

第 3 个 CP 下降沿时刻，J=1，K=$\overline{Q}$=1，触发器仍置 1，因而 Q_1 端仍为 1。Q_1 的波形见图 5-18。

图 5-17（b）中，初态时，J=Q_2=0，K=1，第 1 个 CP 下降沿时刻，触发器置 0，Q_2=0。

第 2 个 CP 脉冲下降沿时刻，J=0，K=1，触发器仍置 0，Q_2=0。

根据以上分析，图 5-17（b）所示的触发器一直处于置 0 状态不变。Q_2 的波形见图 5-18。

图 5-17（c）中，初态 J=$\overline{Q_3}$=1，K=1，第 1 个 CP 下降沿时刻，触发器翻转，Q_3 端由 0 正跳为 1。

第 2 个 CP 下降沿时刻，J=0，K=1，触发器置 0，Q_3 端由 1 负跳为 0。

第 3 个 CP 下降沿时刻，J=0，K=1，触发器翻转，Q_3 由 0 正跳为 1。

第 4 个 CP 下降沿时刻，J=0，K=1，触发器置 0，Q_3 端由 1 负跳为 0。

根据以上分析，图 5-17（c）所示触发器的波形是每到来一个时钟脉冲 CP，输出状态翻转一次。Q_3 的波形见图 5-18。

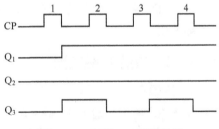

图 5-18 例题 5-4 解题结果

5.3 D 触发器

学习目标：

① 掌握 D 触发器的图形符号和逻辑功能。

② 通过操作，掌握 D 触发器的应用。

数字系统中另一种应用广泛的触发器是 D 触发器。D 触发器按结构不同分为同步 D 触发器、主从 D 触发器和边沿触发 D 触发器。几种 D 触发器的结构虽不同，但逻辑功能基本相同。学习 D 触发器的基本知识是正确使用 D 触发器的基础。

5.3.1 同步 D 触发器

D 触发器只有一个信号输入端，时钟脉冲 CP 未到来时，输入端的信号不起任何作用；只在 CP 信号到来的瞬间，输出立即变成与输入相同的电平，即 $Q^{n+1} = D$。

1. 图形符号

如图 5-19 所示为同步 D 触发器的图形符号。图中，D 为信号输入端（数据输入端），CP 为时钟脉冲控制端。

2. 逻辑功能

当输入 D 为 1 时，在 CP 脉冲到来时，Q 端置 1，与输入端 D 状态一致。
当输入 D 为 0 时，在 CP 脉冲到来时，Q 端置 0，与输入端 D 状态一致。
同步 D 触发器的真值表见表 5-6。

表 5-6 同步 D 触发器的真值表

CP	D	Q^n	Q^{n+1}	逻辑功能
0	×	0	0	保持
		1	1	
1	1	1	1	置 1
		0		
1	0	0	0	置 0
		1		

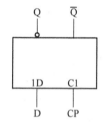

图 5-19 同步 D 触发器图形符号

同步 D 触发器仍然存在空翻现象，因此，它只能用来锁存数据，而不能用来作为计数器等使用。

5.3.2 边沿 D 触发器

1. 逻辑符号

图 5-20 所示为边沿 D 触发器的逻辑符号。图中，D 为触发信号输入端，CP 为时钟脉冲控制端，$\overline{R_d}$ 和 $\overline{S_d}$ 为异步直接复位端和异步直接置位端，二者均为低电平有效，Q 和 $\overline{Q}$ 为互补输出端。时钟脉冲控制端标有"∧"，表示脉冲上升沿有效。

2. 逻辑功能

边沿 D 触发器的逻辑功能与同步 D 触发器基本相同，区别仅在于对 CP 的要求不同。边沿触发的 D 触发器只能在 CP 脉冲上升沿（或下降沿）到来时，输出 Q 和 $\overline{Q}$ 的状态才能改变。

3. 时序图

边沿 D 触发器的时序图如图 5-21 所示。

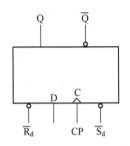

图 5-20 边沿 D 触发器的逻辑符号

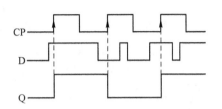

图 5-21 边沿 D 触发器的时序图

典型例题分析

【例题 5-5】 D 触发器的初态 Q=1，根据图 5-22 所示的 CP 和 D 波形，试画出输出端 Q 的波形。

【解题思路】 本题考查的 D 触发器的逻辑功能。根据图 5-22 中的 D 触发器逻辑符号可知是下降沿触发，即该 D 触发器的状态翻转发生在 CP 脉冲的下降沿时刻，且输出状态与输入状态相同。无 CP 脉冲时处于保持状态。

【解题结果】 触发器的初态 Q=1，在第 1 个 CP 脉冲的下降沿时刻，D=1，因而 Q=1，保持初态不变。

第 2 个 CP 脉冲的下降沿时刻，D=0，因而 Q=0，输出端 Q 由 1 负跳变为 0。

第 3 个 CP 脉冲的下降沿时刻，D=1，因而 Q=1，输出端 Q 由 0 正跳变为 1。

画出 Q 的波形，如图 5-23 所示。

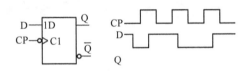

图 5-22 例题 5-5 图

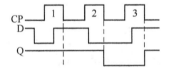

图 5-23 例题 5-5 解题结果

【例题 5-6】 画出图 5-24 所示的 D 触发器，在 CP 脉冲的作用下，输出端 Q 的波形（设初态 Q=0）。

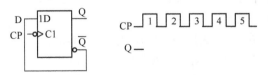

图 5-24 例题 5-6 图

【解题思路】 本题的意图是熟悉 D 触发器的逻辑功能及输出波形的画法。本题的 D 触发器的输出端 $\overline{Q}$ 连接到输入端 D，因而在 CP 脉冲作用下，输出状态与在此之前的电路状态有关。如原来 $\overline{Q}=1$，则在 CP 脉冲作用下，D 触发器置 1；如原来 $\overline{Q}=0$，则在 CP 脉冲作用下，D 触发器置 0。

【解题结果】 初态时 Q=0，因而 D=$\overline{Q}$=1，在第 1 个 CP 脉冲下降时刻，触发器置 1，即 Q=1，$\overline{Q}$=0；

在第 2 个 CP 脉冲下降沿时刻，D=$\overline{Q}$=0，所以触发器置 0，即 Q=0，$\overline{Q}$=1；

在第 3 个 CP 脉冲下降沿时刻，D=$\overline{Q}$=1，所以触发器置 1，即 Q=1，$\overline{Q}$=0；

在第 4 个 CP 脉冲下降沿时刻，D=$\overline{Q}$=0，所以触发器置 0，即 Q=0，$\overline{Q}$=1。

根据以上分析，画出的输出端 Q 的波形如图 5-25 所示。

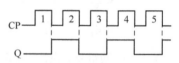

图 5-25 例题 5-6 的解题结果

5.4 寄存器

学习目标：

① 了解寄存器的功能、基本构成和常见类型。
② 了解典型集成移位寄存器的应用。

触发器是一种双稳态器件，其输出具有两个可能的稳定状态，这为存放 1 位二进制数提供了有效的硬件条件；存放多位二进制数需要用多位触发器适当连接来实现。这种多位触发器适当连接来存放多位二进制数的数字部件就是寄存器。寄存器是在触发器的存储和记忆功能基础上构建的，它是时序逻辑电路的基本部件之一，应用极为广泛。根据功能的不同，寄存器可分为数码寄存器和移位寄存器两大类。掌握寄存器的基本知识是正确应用寄存器的前提。

5.4.1 数码寄存器

在计算机和其他数字系统中常常需要把一些数码和计算结果暂时存储起来，然后根据需要取出进行处理或进行运算。具有存储数码功能的寄存器称为数码寄存器。图 5-26 所示电路是由 4 个 D 触发器构成的四位数码寄存器，它属于并行输入、并行输出寄存器。$D_3 \sim D_0$ 是寄存器并行的数据输入端，输入 4 位二进制数码；$Q_3 \sim Q_0$ 是寄存器并行的输出端，输出 4 位二进制数码。

若要将 4 位二进制数码 $D_3D_2D_1D_0$=1010 存入寄存器中，只要在 CP 输入端加时钟脉冲。当 CP 上升沿出现时，4 个触发器的输出端 $Q_3Q_2Q_1Q_0$=$D_3D_2D_1D_0$=1010，于是这 4 位二进制数码便同时存入 4 个触发器中，当外部电路需要这组数据时，可从 $Q_3Q_2Q_1Q_0$ 端读出。

目前，专用的数码寄存器产品很多，如 8D 锁存器 74LS373，其引脚如图 5-27 所示。

第 5 章 时序逻辑电路

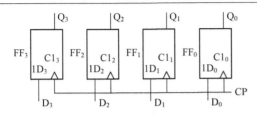

图 5-26 4 位数码寄存器

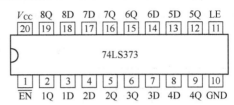

图 5-27 锁存器 74LS373 的引脚排列图

74LS373 内部有 8 个锁存器，由锁存允许端 LE 来控制，当 LE=1 时，锁存器开，输入信号从 1D～8D 端进入锁存器。只要 LE 保持为 1，各锁存器内容将随 D 端状态变化而变化，这一点与 D 触发器不同，呈"透明"状态。当 LE=0 时，锁存器关，保持关状态前各位的状态。

74LS373 的 8 个锁存器的输出端还带有三态输出门，受输出使能端 $\overline{EN}$ 控制。当 $\overline{EN}$ =0 时，三态门打开，锁存器输出；当 $\overline{EN}$ =1 时，输出呈高阻状态。

5.4.2 移位寄存器

在数字电路系统中，由于算术逻辑运算或缓冲存储的需要，常常要求寄存器中输入的数码能逐位向左或向右移动，这种寄存器就是移位寄存器。移位寄存器按种类可分为串入并出、并入串出、串入串出、并入并出 4 种移位寄存器；按工作方式可分为单向移位寄存器（右移或左移）和双向移位寄存器两大类。

1. 单向移位寄存器

（1）右移寄存器

图 5-28 所示为 4 位右移寄存器电路。它由 4 个 D 触发器组成，D_{SR} 为数码串行输入端，Y 为数码串行输出端，各触发器串行连接，移位控制脉冲为 CP，各 CP 脉冲输入端并联，各清零端 $\overline{CR}$ 也并联。

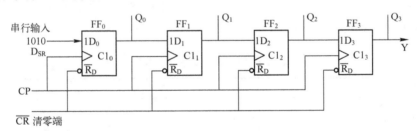

图 5-28 4 位右移寄存器

其工作过程为：假设要把数码 1010 右移串行输入给寄存器，各触发器初始状态 $Q_0Q_1Q_2Q_3$=0000，各 D 端初始状态 $D_0D_1D_2D_3$=0000。工作时，由于是右移串行输入，数码 1010 由输入端 D_{SR} 按顺序自右向左逐一输入，即先把数码最右一位数 0 送入 D_0，再相继输入 1 和 0，最后把最左位的数码 1 送入 D_0。因为各 D 型触发器在每个 CP 脉冲到来时，其 Q 端状态是按 D 端状态翻转的，则 D_0 的输入数码将按输入顺序逐步右移。经 4 个 CP 脉冲，即可使寄存器的状态变为 $Q_0Q_1Q_2Q_3$=1010，而完成数码的寄存。

上述串行输入数码右移寄存过程列于表 5-7 中。

表 5-7 右移寄存器的工作过程

CP 顺序	输入	输出				移位过程
	D_{SR}	Q_0	Q_1	Q_2	Q_3	
0	0	0	0	0	0	清零
1	1	0	0	0	0	输入第一个数码
2	0	1	0	0	0	右移一位
3	1	0	1	0	0	右移二位
4	0	1	0	1	0	右移三位

（2）左移寄存器

图 5-29 所示是左移寄存器电路，也是由 4 个 D 型触发器组成的。它的工作过程与 4 位右移寄存器的类似，不同的只是该寄存器的数码输入顺序是自左向右，依次在 CP 脉冲作用下左移逐个输入寄存器中。

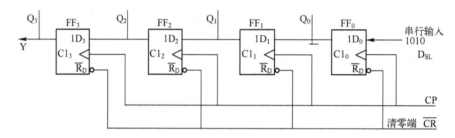

图 5-29 4 位左移寄存器

（3）集成单向移位寄存器

74LS164 寄存器是一种串入并出 8 位右移移位寄存器，其引脚排列如图 5-30 所示。74LS164 的逻辑功能表见表 5-8。

表 5-8 74LS164 逻辑功能表

输入				输出								功能
$\overline{CR}$	CP	D_{SA}	D_{SB}	Q_0	Q_1	Q_2	Q_3	Q_4	Q_5	Q_6	Q_7	
0	×	×	×	0	0	0	0	0	0	0	0	清零
1	0	×	×	Q_0	Q_1	Q_2	Q_3	Q_4	Q_5	Q_6	Q_7	保持
1	↑	0	×	0	Q_0	Q_1	Q_2	Q_3	Q_4	Q_5	Q_6	右移
1	↑	×	0	0	Q_0	Q_1	Q_2	Q_3	Q_4	Q_5	Q_6	右移
1	↑	1	1	1	Q_0	Q_1	Q_2	Q_3	Q_4	Q_5	Q_6	右移

2．双向移位寄存器

将右移寄存器和左移寄存器组合起来，并引入控制端便可构成既可左移又可右移的双向移位寄存器。74LS194 是一个典型的 4 位双向移位寄存器，它有 4 个并行数据输入端 $D_0D_1D_2D_3$，4 个并行数据输出端 $Q_0Q_1Q_2Q_3$，串行右移输入端 D_{SR}，串行左移输入

端 D_{SL}，时钟端 CP，清除端 $\overline{CR}$，工作方式控制端 M_1 和 M_0。74LS194 使用十分灵活，其引脚及内部结构如图 5-31 所示，逻辑功能表见表 5-9。

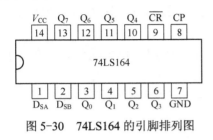

图 5-30　74LS164 的引脚排列图

图 5-31　74LS194 的引脚排列图

表 5-9　74LS194 逻辑功能表

			输	入					输	出			功能
$\overline{CR}$	M_1	M_0	CP	串行输入		并行输入				Q_0	Q_1	Q_2	Q_3	
				D_{SL}	D_{SR}	D_0	D_1	D_2	D_3					
0	×	×	×	×	×	×	×	×	×	0	0	0	0	清零
1	×	×	0	×	×	×	×	×	×	Q_0	Q_1	Q_2	Q_3	保持
1	0	0	↑	×	×	×	×	×	×	Q_0	Q_1	Q_2	Q_3	保持
1	0	1	↑	×	0	×	×	×	×	0	Q_1	Q_2	Q_3	右移
1	0	1	↑	×	1	×	×	×	×	1	Q_1	Q_2	Q_3	右移
1	1	0	↑	0	×	×	×	×	×	Q_1	Q_2	Q_3	0	左移
1	1	0	↑	1	×	×	×	×	×	Q_1	Q_2	Q_3	1	左移
1	1	1	↑	×	×	a	b	c	d	a	b	c	d	置数

典型例题分析

【**例题 5-7**】 如图 5-32 所示的数码寄存器，试简述工作原理，并说明其属何种类型的寄存器。

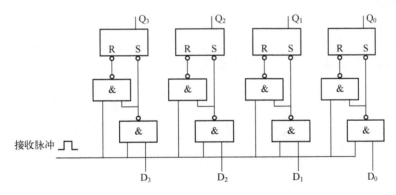

图 5-32　例题 5-7 图

【**解题思路**】 本题考查的知识点是寄存器的工作原理。图 5-32 所示是由 4 个基本 RS 触发器构成的 4 位数码寄存器。每个基本 RS 触发器的输入端 S 和 R 是由与非门组成的开关门所控制。接收脉冲为零时，开关门关断，输入数据不起作用；接收脉冲到来时，开关门被打开,数据输入并存储。

【解题结果】 图 5-32 所示的 4 位数码寄存器在正脉冲到来时,与非门被打开。如输入数据 $D_i=0$,则相应触发器的 $S=1$,$R=0$,触发器被置 0 状态;如输入数据 $D_i=1$,则相应触发器的 $S=0$,$R=1$,触发器被置 1。

当正脉冲消失后,与非门关断,则各触发器 $S=1$,$R=1$,触发器状态不变,这样就把数据保存在触发器中。

这种触发器寄存数据不需要预先清零,只要接收脉冲到来即可把输入数据 $D_0 \sim D_3$ 存入,因此属单拍式寄存器。

5.5 计数器

学习目标:

① 了解计数器的功能及计数器的类型。
② 掌握二进制、十进制等经典型集成计数器的外特性及应用。

计数器用于累计输入脉冲的个数,能够实现这种功能的时序部件称为计数器。计数器不仅用于计数,而且还用于定时、分频和程序控制等,是数字电路工作系统的主要部件,也是时序逻辑电路的主要应用之一,用途广泛。常用的计数器种类非常多,按计数进制可分为二进制计数器和非二进制计数器(如十进制、N 进制计数器等);按计数值的增减趋势可分为加法计数器、减法计数器和可逆计数器;按计数器中各触发状态翻转是否与计数脉冲同步可分为同步计数器和异步计数器。

5.5.1 二进制计数器

1. 二进制异步加法计数器

(1)电路组成

图 5-33 所示是由 3 个 D 触发器组成的 3 位二进制异步加法计数器。FF_1 为最低位触发器,其控制端 CP 接输入脉冲,FF_3 为最高位计数器。

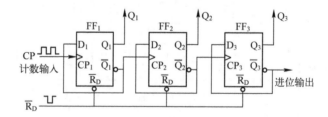

图 5-33 3 位二进制异步加法计数器

(2)工作原理

① 计数器清零:使 $\overline{R}_D=0$,则 $Q_3Q_2Q_1=000$。

② 每当一个 CP 脉冲上升沿到来时，FF$_1$ 翻转一次；每当 Q$_1$ 的下降沿到来时，FF$_2$ 翻转一次；每当 Q$_2$ 的下降沿到来时，FF$_3$ 翻转一次。其工作状态表见表 5-10，其工作波形如图 5-34 所示，实现了每输入一个脉冲就进行一次加 1 运算的加法计数器操作。3 位二进制加法计数器的计数范围是 000～111，对应十进制数的 0～7，共 8 个状态，第 8 个计数脉冲输入后计数器又从初始 000 开始计数。

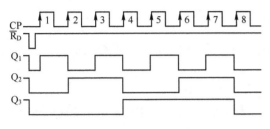

图 5-34　3 位二进制异步加法计数器的工作波形

表 5-10　3 位二进制异步加法计数器工作状态表

CP	Q$_3$	Q$_2$	Q$_1$
0	0	0	0
1	0	0	1
2	0	1	0
3	0	1	1
4	1	0	0
5	1	0	1
6	1	1	0
7	1	1	1
8	0	0	0

由图 5-34 可以看出，Q$_1$ 的频率为 CP 的频率的一半，为二分频；Q$_2$ 的频率为 CP 频率的 1/4，为四分频；Q$_3$ 的频率为 CP 的 1/8，为八分频。

2．二进制异步减法计数器

图 5-35 所示是由 3 个 D 触发器组成的 3 位二进制异步减法计数器，其工作状态表见表 5-11。

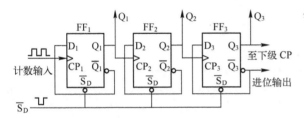

图 5-35　3 位二进制异步减法计数器

表 5-11　3 位二进制异步减法计数器工作状态表

CP	Q$_3$	Q$_2$	Q$_1$
0	1	1	1
1	1	1	0
2	1	0	1
3	1	0	0
4	0	1	1
5	0	1	0
6	0	0	1
7	0	0	0
8	1	1	1

异步计数器电路简单，但各触发器逐级翻转，工作速度慢，在实际使用中，多采用同步计数器。

5.5.2　十进制计数器

1．十进制异步加法计数器

图 5-36 所示电路是由 4 个 JK 触发器组成的 8421 BCD 码十进制异步加法计数器。十进制异步加法计数器的工作原理如下：

① 清零负脉冲作用于各个触发器后，Q$_4$Q$_3$Q$_2$Q$_1$=0000，等待计数脉冲到来。

② 每到来一个计数脉冲 CP，触发器 FF$_1$ 状态翻转一次。

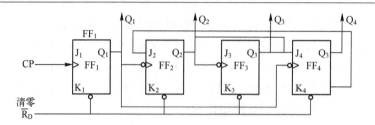

图 5-36 十进制异步加法计数器

③ 每到来一个 Q_1 的下降沿，当 $\overline{Q_4}=1$ 时，触发器 FF_2 翻转；当 $\overline{Q_4}=0$ 时，触发器 FF_2 置 0。

④ 每到来一个 Q_2 的下降沿，触发器 FF_3 状态翻转一次。

⑤ 每到来一个 Q_1 的下降沿，当 Q_2 和 Q_3 全为 1 时，触发器 FF_4 翻转，当 Q_2 和 Q_3 不全为 1 时，触发器 FF_4 置 0。

根据上述分析，得到十进制异步加法计数器的工作波形如图 5-37 所示。

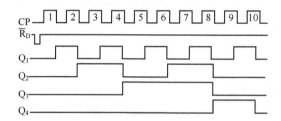

图 5-37 十进制异步加法计数器的工作波形图

十进制异步加法计数器的工作状态表见表 5-12。

表 5-12 十进制异步加法计数器的工作状态表

CP	Q_4	Q_3	Q_2	Q_1
0	0	0	0	0
1	0	0	0	1
2	0	0	1	0
3	0	0	1	1
4	0	1	0	0
5	0	1	0	1
6	0	1	1	0
7	0	1	1	1
8	1	0	0	0
9	1	0	0	1
10	0	0	0	0

2．十进制同步加法计数器

CC4518 是同步十进制加法计数器，主要特点是时钟触发可用上升沿，也可用下降沿，采用 8421 BCD 编码。其引脚排列及功能如图 5-38 所示，逻辑功能表见表 5-13。

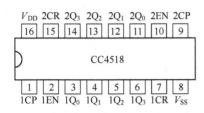

图 5-38 CC4518 引脚排列及功能

表 5-13 CC4518 功能表

输入			输出
CP	CR	EN	
↑	0	1	加计数
0	0	↓	加计数
↓	0	×	保持
×	0	↑	
↑	0	0	
1	0	↓	
×	1	×	全部为 0

CC4518 内含两个功能完全相同的计数器。每一计数器，均有时钟输入端 CP 和计数允许控制端 EN，若用时钟上升沿触发，则信号由 CP 端输入，同时将 EN 端设置为高电平；若用时钟下降沿触发，则信号由 EN 端输入，同时将 CP 端设置为低电平。CC4518 的 CR 为清零信号输入端，当在该脚加高电平或正脉冲时，计数器各输出端均为低电平。

5.5.3 集成计数器的应用

常用集成计数器分为二进制计数器（含同步、异步、加减和可逆）和非二进制计数器（含同步、异步、加减和可逆），下面介绍几种典型的集成计数器。

1. 集成二进制同步计数器

74LS161 是 4 位集成二进制可预置同步计数器，由于它采用 4 个主从 JK 触发器作为记忆单元，故又称为 4 位集成二进制同步计数器，其集成芯片引脚如图 5-39 所示。

该计数器由于内部采用了快速进位电路，所以具有较高的计数速度。各触发器翻转是靠时钟脉冲信号的正跳变上升沿来完成的。时钟脉冲每正跳变一次，计数器内各触发器就同时翻转一次，74LS161 的功能表见表 5-14。

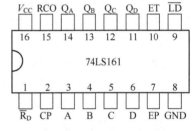

图 5-39 74LS161 引脚图

表 5-14 74LS161 逻辑功能表

输入								输出			
$\overline{R_D}$	$\overline{LD}$	ET	EP	CP	A	B	C	D	Q_A	Q_B	Q_C	Q_D
0	×	×	×	×	×	×	×	×	0	0	0	0
1	0	×	×	↑	a	b	c	d	a	b	c	d
1	1	1	1	↑	×	×	×	×	计数			
1	1	0	×	×	×	×	×	×	保持			
1	1	×	0	×	×	×	×	×	保持			

2. 集成二进制异步计数器

74LS197 是 4 位集成二进制异步加法计数器，其集成芯片引脚逻辑符号如图 5-40 所示，具体逻辑功能如下：

① $\overline{CR}=0$ 时，异步清零。

② $\overline{CR}=1$，$CT/\overline{LD}=0$ 时，异步置数。

③ $\overline{CR}=CT/\overline{LD}=1$ 时，异步加法计数。若将输入时钟脉冲 CP 加在 CP_0 端，把 Q_0 与 CP_1 连接起来，则构成 4 位二进制即十六进制异步加法计数器。若将 CP 加在 CP_1 端，则构成 3 位二进制即八进制计数器，FF_0 不工作。如果只将 CP 加在 CP_0 端，CP_1 接 0 或 1，则形成 1 位二进制即二进制计数器。

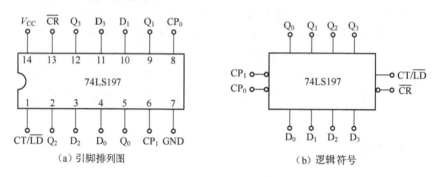

图 5-40 74LS197 引脚及逻辑符号

3. 集成十进制同步计数器

74LS160 是十进制同步计数器，具有计数、同步置数、异步清零等功能。其引脚排列图和逻辑符号如图 5-41 所示。各引脚功能如下：

CP 为计数脉冲输入端，上升沿有效；$\overline{CR}$ 为清零端；$\overline{LD}$ 为预置数控制端；$D_0 \sim D_3$ 为并行输入数据端；CT_T 和 CT_P 为两个计数器工作状态控制端；CO 为进位信号输出端；$Q_0 \sim Q_3$ 为计数器状态输出端。

表 5-15 是 74LS160 功能表。当复位端 $\overline{CR}=0$ 时，不受 CP 控制，输出端立即全部为"0"，见功能表第一行。当 $\overline{CR}=1$ 时，$\overline{LD}$ 端输入低电平，在时钟共同作用下，CP 上跳后计数器状态等于预置输入 DCBA，即所谓"同步"预置功能。见功能表第二行。当 $\overline{CR}$ 和 $\overline{LD}$ 都无效（即为高电平），CT_T 或 CT_P 任意一个为低电平，计数器处于保持功能，即输出状态不变。只有当四个控制输入端都为高电平，计数器实现模 10 加法计数（最多完成 10 个输入脉冲的统计）。

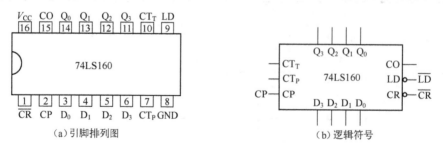

图 5-41 74LS160 引脚排列图逻辑符号

第 5 章 时序逻辑电路

表 5-15 74LS160 功能表

$\overline{CR}$	$\overline{LD}$	CT_T	CT_P	CP	D_3 D_2 D_1 D_0	Q_3 Q_2 Q_1 Q_0
0	×	×	×	×	× × × ×	0 0 0 0
1	0	×	×	↑	D C B A	D C B A
1	1	0	×	×	× × × ×	保 持
1	1	×	0	×	× × × ×	保 持
1	1	1	1	↑	× × × ×	计 数

4. 集成十进制异步计数器

为了达到多功能的目的,中规模异步计数器往往采用组合式的结构,即由两个独立的计数来构成整个的计数器芯片。例如,74LS90（290）由模 2 和模 5 的计数器组成；74LS92 由模 2 和模 6 的计数器组成。下面以 CT74LS290 作简单介绍。

（1）CT74LS290 的结构框图和逻辑符号如图 5-42 所示。

（2）逻辑功能表见表 5-16。

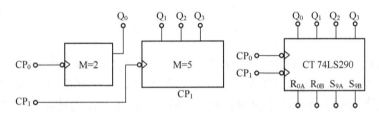

图 5-42 CT74LS290 的结构框图和逻辑符号图

表 5-16 CT74LS290 的逻辑功能表

输 入						输 出			
R_{0A}	R_{0B}	S_{9A}	S_{9B}	CP_0	CP_1	Q_0^{n+1}	Q_1^{n+1}	Q_2^{n+1}	Q_3^{n+1}
1	1	0	×	×	×				
1	1	×	0	×	×				
×	0	1	1	×	×				
0	×	1	1	×	×				
×	0	×	0	↓	0				
×	0	0	×	0	↓				
0	×	×	0	↓	Q_0				
0	×	0	×	Q_3	↓				

注：5421 码十进制计数时,从高位到低位的输出为 $Q_0Q_3Q_2Q_1$。

典型例题分析

【**例题 5-8**】 用 3 片 CT74LS160 构成模为 1000 的计数器,试画出电路连接图。

【**解题思路**】 本题考查的是集成十进制电路 74LS160 的应用。74LS160 串接成模为 1000 的计数器,应将低位计数器的进位端 CO 接高位计数器的 CT_T 和 CT_P。

【解题结果】 选用 3 片 74LS160 集成电路来实现 0~999 的脉冲计数，芯片（Ⅰ）用于个位计数，芯片（Ⅱ）用于十位计数，芯片（Ⅲ）用于百位计数，连接的电路如图 5-43 所示。

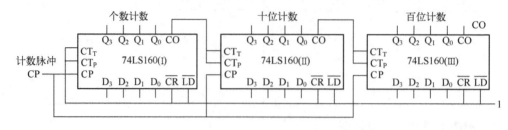

图 5-43 例题 5-5 图

【例题 5-9】 如图 5-44（a）和（b）所示的是两种计数器的状态转换图，试分析计数器的功能。

图 5-44 例题 5-9 图

【解题思路】 本题考查的是计数器的状态分析。根据状态转换图，如果计数器有 N 个计数状态，则称为 N 进制计数器，例如，六进制计数器应有 6 个计数状态。如果状态的转换是按二进制加法规律进行的则为加法计数器；如果状态的转换是按二进制减法规律进行的则为减法计数器。

【解题结果】 图 5-44（a）有 6 个计数状态，且是按二进制加法规律计数，所以是一个六进制加法计数器的状态转换图。

图 5-44（b）有 7 个计数状态，且是按二进制减法规律计数，所以是一个七进制减法计数器的状态转换图。

5.6 实训项目：秒信号发生器的制作

1. 技能目标
① 能正确安装、调试秒信号发生器电路。
② 通过实践操作，掌握 CD4060 和 CD4013 等芯片的使用方法。
③ 能正确调试和测量电路的功能，并能排除电路出现的故障。

2. 工具、元件和仪器
① 常用电子装配工具。
② CD4060，CD4013 等。
③ 双踪示波器。

3. 相关知识
（1）CD4060
CD4060 由一振荡器和 14 级二进制串行计数器位组成，振荡器的结构可以是 RC 或晶振电路。CR 为高电平时，计数器清零且振荡器使用无效。所有的计数器位均为主从触发器。在 CP_1（和 CP_0）的下降沿计数器以二进制进行计数。在时钟脉冲线上使用斯密特触发器，对时钟上升和下降时间无限制，其引脚图如图 5-45 所示。

（2）CD4013——双 D 触发器

CD4013 由两个相同的、相互独立的数据型触发器构成。每个触发器有独立的数据、置位、复位、时钟输入和 Q 及 $\overline{Q}$ 输出，此器件可用做移位寄存器，且通过将 $\overline{Q}$ 输出连接到数据输入，可用做计算器和触发器。在时钟上升沿触发时，加在 D 输入端的逻辑电平传送到 Q 输出端。置位和复位与时钟无关，而分别由置位或复位线上的高电平完成，其引脚图如图 5-46 所示。

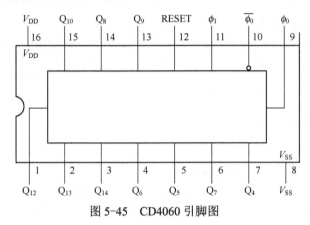

图 5-45　CD4060 引脚图

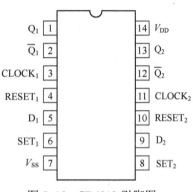

图 5-46　CD4013 引脚图

4．技能训练

（1）电路原理图

秒信号发生器电路原理图如图 5-47 所示。

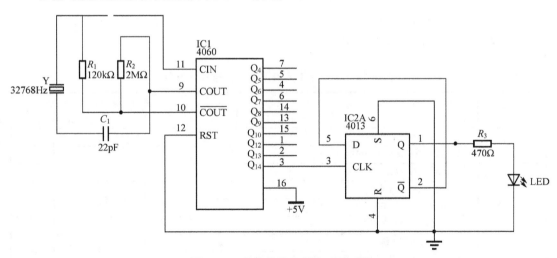

图 5-47　秒信号发生器电路原理图

时钟电路由晶体振荡器和 IC1（CD4060）组成，产生 2Hz 的时钟信号，再经由 IC2（CD4013）构成的双稳态电路分频后，产生 1Hz 的方波信号，驱动 LED 同步闪烁。

(2)安装要求

工艺流程:准备→熟悉工艺要求→绘制装配草图→核对元件数量、规格、型号→元件检测→元器件预加工→万能电路板装配、焊接→总装加工→自检。

具体操作过程详见 1.2.3 实训项目,表 5-17 为秒信号发生器元件清单。

表 5-17 秒信号发生器元件清单

代 号	名 称	规 格
R_1	电阻	120kΩ
R_2	电阻	2MΩ
R_3	电阻	470Ω
C_1	涤纶电容	22pF
LED	发光二极管	绿色
IC1	集成电路	CD4060
IC2	集成电路	CD4013

(3)调试、测量

① 电路安装正确,接通电源后,LED 能按秒信号闪烁。

② 电路正常运行,用示波器完成表 5-18 所列的测量。

表 5-18 秒信号发生器测量表

CD4060(3 号脚)输出波形	CD4013(1 号脚)输出波形

(4)实训项目考核评价

完成实训项目,填写表 5-19。

表 5-19 秒信号发生器实训项目考核评价表

评价指标	评价要点	评价结果				
		优	良	中	合格	差
理论知识	1. 计数器知识掌握情况					
	2. D 触发器知识掌握情况					
技能水平	1. 元件识别与清点					
	2. 实训项目工艺情况					
	3. 实训项目调试情况					
	4. 实训项目测量情况					
	5. 示波器操作熟练度					
安全操作	能否按照安全操作规程操作,有无发生安全事故,有无损坏仪表					
总评	评别	优	良	中	合格	差	总评得分
		100~88	87~75	74~65	64~55	≤54	

第 5 章 时序逻辑电路

思考题和习题 5

5-1　基本 RS 触发器有哪几种功能？对其输入有什么要求？

5-2　同步 RS 触发器与基本 RS 触发器比较有何优缺点？

5-3　什么是空翻现象？

5-4　JK 触发器与同步 RS 触发器有哪些区别？

5-5　由两个与非门组成的电路如题 5-5 图（a）所示，输入信号 A 和 B 的波形如题 5-5 图（b）所示，试画出输出端 Q 的波形。（设初态 Q=0）

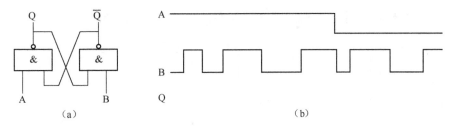

题 5-5 图

5-6　如题 5-6 图（a）所示，输入信号 A 和 B 的波形如题 5-6 图（b）所示，试画出输出端 Q 的波形。（设初态 Q=0）

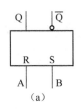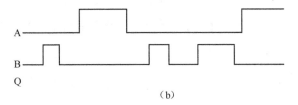

题 5-6 图

5-7　主从 RS 触发器中 CP，R 和 S 的波形如题 5-7 图所示，试画出 Q 端的波形。（设初态 Q=0）

5-8　如题 5-8 图（a）所示的主从 JK 触发器中，CP，J，K 的波形如题 5-8 图（b）所示。试对应画出 Q 端的波形。（设 Q 初态为 0）

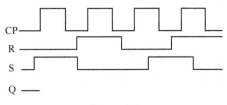

题 5-7 图

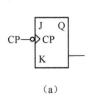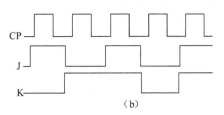

题 5-8 图

5-9 如题 5-9 图（a）所示的边沿 JK 触发器中，CP，J，K 的波形如题 5-9 图（b）所示。试对应画出 Q 端的波形。（设 Q 初态为 0）

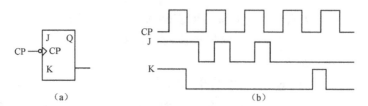

题 5-9 图

5-10 设题 5-10 图中各个触发器初始状态为 0，试画出 Q 端波形。

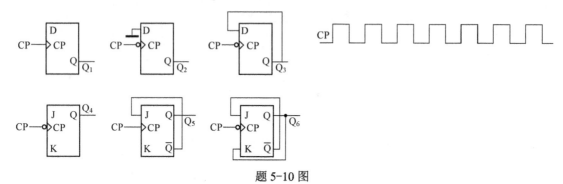

题 5-10 图

5-11 分析题 5-11 图所示电路，它具有什么功能，并填表。（设各触发器初态为 0）

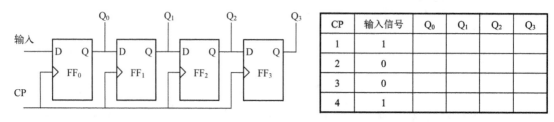

CP	输入信号	Q_0	Q_1	Q_2	Q_3
1	1				
2	0				
3	0				
4	1				

题 5-11 图

5-12 试说明题 5-12 图所示电路的逻辑功能，并画出与 CP 脉冲相对应的各输出端波形。（设各触发器初态为 0）

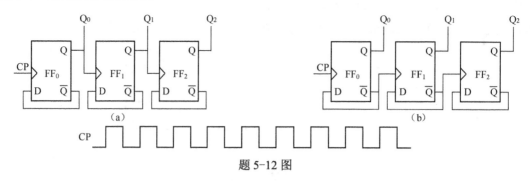

题 5-12 图

第 6 章 脉冲波形的产生与整形

在日常生活中,我们经常看到或使用过如图 6-1 所示的一些电子产品。但是,触摸式定时控制开关为什么能在触摸开关后起定时控制灯亮的作用?它能定时灯亮多长时间?防盗报警器是如何发出报警声的?救护车怎样会边闪烁边发出救护警笛声?梦幻彩灯为何能闪烁得忽快忽慢?所有这些都是因为这些声光电路受到不同频率、不同宽度脉冲信号的控制。

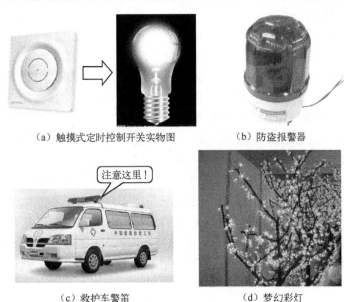

(a) 触摸式定时控制开关实物图　　(b) 防盗报警器

(c) 救护车警笛　　(d) 梦幻彩灯

图 6-1 应用脉冲信号的几种实例

在数字电路中,经常需要各种不同频率、不同要求的脉冲信号,而获得脉冲信号的方法一般有以下两种:

一是利用振荡电路直接产生所需要的波形,这种电路不需要外加触发脉冲信号,只要电源电压和电路参数合适,电路就能自动产生脉冲信号,这一类电路称为多谐振荡器。

二是利用脉冲变换电路,将已有的性能不符合要求的脉冲信号变换成符合要求的脉冲信号。脉冲变换电路本身不产生脉冲信号,它所做的工作仅是变换波形,这一类电路包括单稳态触发器和施密特触发器。本章将介绍脉冲的产生和整形。

6.1 常见脉冲产生电路

学习目标:

① 了解多谐振荡器的结构、功能及工作原理,掌握其基本应用。

② 了解单稳态触发器的结构、功能及工作原理，掌握其基本应用。
③ 了解施密特触发器的结构、功能及工作原理，掌握其基本应用。

在数字系统中，脉冲信号是最常用的工作信号，其中的矩形脉冲信号是用途最为广泛的脉冲信号之一。

6.1.1 多谐振荡器

多谐振荡器又称为矩形波振荡器，它是一种自激振荡电路。多谐振荡器一旦振荡起来，电路就没有稳态，只有两个暂态，工作状态在两个暂态之间来回翻转，从而产生连续的、周期性的矩形脉冲。

1. 用非门构成的多谐振荡器

（1）电路组成和工作原理

图 6-2 所示是一种由 CMOS 门电路组成的多谐振荡器。该电路由 3 个非门（G_1、G_2、G_3）、两个电阻（R_1，R_2）和一个电容 C 组成。电阻 R_2 是非门 G_3 的限流保护电阻，一般为 100Ω 左右；R_1 和 C 为定时器件，R_1 的值要小于非门的关门电阻，一般在 700Ω 以下。

设电源刚接通时，电路输出端 u_O（u_{i1}）为高电平，由于此时电容器 C 尚未充电，其两端电压为零，则 u_{O1} 和 u_{i3} 为低电平，电路处于第一暂态。随着 u_{O2} 高电平通过电阻 R_1 对电容 C 充电，u_{i3} 电位逐渐升高。当 u_{i3} 超过 G_3 的输入阈值电平 U_{TH} 时，G_3 翻转，$u_O = u_{i1}$ 变为低电平，使 G_1 也翻转，u_{O1} 变为高电平，由于电容电压不能突变，u_{i3} 也有一个正突变，保持 G_3 输出为低电平，此时电路进入第二暂态。随着 u_{O1} 高电平经电阻 R_1 对电容 C 的反向充电，u_{i3} 电位逐渐下降，当 u_{i3} 低于 U_{TH} 时，G_3 再次翻转，电路又回到第一暂态。如此循环，形成连续振荡。电路各点的工作波形如图 6-3 所示。

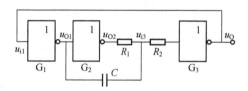

图 6-2 CMOS 门电路组成的多谐振荡器

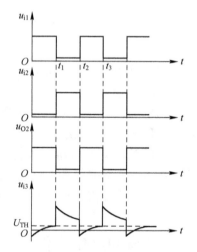

图 6-3 多振荡器的工作波形

（2）振荡周期 T 的计算

多谐振荡器的振荡周期与两个暂态时间有关，设第一、第二暂态时间分别为 t_{W1}、

t_{W2}，则振荡周期的近似估算公式为

$$T=t_{W1}+t_{W2}\approx 2.2R_1C$$

由此可见，要改变脉宽和周期，可以通过改变定时元件 R_1 和 C 来实现。

2．石英晶体多谐振荡器

为了提高振荡频率的稳定度，常采用图 6-4 所示的石英晶体多谐振荡器。在构成上，用石英晶体替代了图 6-2 所示电路中的电容器。其工作原理与图 6-3 所示电路基本相同。

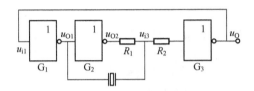

图 6-4　石英晶体多谐振荡器

石英晶体相当于一个 RLC 串联谐振电路。在谐振频率下，阻抗最低，正反馈最强，易于起振，而在其他频率下，阻抗很高，阻止振荡，所以石英晶体具有选频作用。振荡器最后稳定在石英晶体的谐振频率上，输出为谐振频率的矩形波。而石英晶体的谐振频率，由石英晶体片的几何尺寸决定，只要把石英晶体片的几何尺寸做得很精准，就可以获得很精确而且稳定的谐振频率。

石英晶体多谐振荡器能产生极其稳定的高频率的矩形脉冲信号，在数字系统中，常用做系统的基准信号源。

3．多谐振荡器的应用

由于多谐振荡器的两个输出状态能自动交替转换，可产生一组宽度和周期可调的矩形波，因此在实际运用中经常用来制作成时钟信号发生器。

6.1.2　单稳态触发器

前文介绍了各类触发器，如 RS 触发器、JK 触发器、D 触发器等，它们都有两个稳定状态，这些触发器我们常称之为双稳态触发器。在数字系统中，还有一种只有一个稳定状态的电路，称为单稳态触发器。

它所具备的特点是：没有外加触发信号作用时，电路始终处于稳态；在外加触发信号的作用下，电路能从稳态翻转到暂态。暂态是一种不能长久保持的状态，维持一段时间后，电路会自动返回到稳态。暂态维持时间长短取决于电路中的 R 和 C 参数值，与输入触发信号的宽度无关。单稳态触发器常用于脉冲波形的整形、定时和延时。

单稳态触发器可以由 TTL 或 CMOS 门电路与外接 RC 电路组成，也可以通过单片集成单稳态电路外接 RC 电路来实现。其中，RC 电路称为定时电路。

1．用 CMOS 门电路构成的微分型单稳态触发器

（1）电路组成

如图 6-5（a）所示为由 2 个 CMOS 或非门构成的微分型单稳态触发器。电路中，G_1 和 G_2 之间采用 RC 微分电路耦合，故称为微分型单稳态触发器。

（2）工作原理

① 稳态 $u_I = 0$，接通电源 $+V_{DD}$ 对 C 充电，u_{I2} 电位升高，直到 $u_{I2} = +V_{DD}$，所以 G_2 门输出为低电平，即 $u_O = V_{OL}$；而 G_1 门两个输入均为低电平，G_1 门输出为高电平，即 $u_{O1} = U_{OH}$，电路处于稳定状态，输出 u_O 为低电平。

② 触发翻转 u_I 从 0 跳变为 1，且 $u_I > U_T$（阈值电压），电路产生正反馈。

$$u_I\uparrow \longrightarrow u_{O1}\downarrow \longrightarrow u_{I2}\downarrow \longrightarrow u_O\uparrow$$

迅速使 G_1 门导通，G_2 门截止，结果输出 u_O 由低电平上跳为高电平，电路进入暂稳态。由于 u_O 高电平反馈到 G_1 门的输入端，因此即使 u_I 已恢复为低电平，仍能维持 G_1 门的导通。

③ 暂稳态 电路翻转后，电源 $+V_{DD}$ 通过 $R \to C \to u_{O1}$ 对电容充电，使 u_{I2} 上升，这时电路进入暂稳态，即 G_1 门导通，G_2 门截止，u_O 为高电平。此状态维持时间长短，决定 $\tau = RC$ 大小。

④ 自动返回 当 u_{I2} 上升到 $u_{I2} = U_T$ 时（这时 $u_I = 0$），电路发生正反馈。

$$电容C充电 \longrightarrow u_{I2}\uparrow \longrightarrow u_O\downarrow \longrightarrow u_{O1}\uparrow$$

迅速使 G_1 门截止，G_2 门导通。结果输出 u_O 从高电平下跳到低电平。由于 u_{O1} 的上跳，导致 u_{I2} 的等幅上跳，由于 CMOS 保护二极管，使 $u_{I2} = +V_{DD} + 0.6V$。

⑤ 恢复过程 此后，电容通过 R 与保护二极管两条通路放电，使 u_{I2} 恢复到稳态值 $+V_{DD}$，电路恢复到初始稳态值。其波形如图 6-5（b）所示。

电路的输出脉冲宽度由计算得：

$$t_{PO} = 0.7RC$$

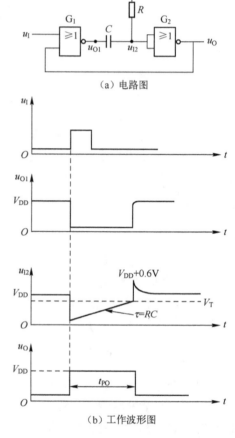

图 6-5 微分型单稳态电路

2．单稳态触发器的应用

（1）定时

单稳态触发器可产生一个宽度为 t_{PO} 的矩形脉冲，利用这个脉冲去控制某电路使它在 t_{PO} 时间内动作或不动作，这就是脉冲的定时作用。图 6-6（a）所示是用与门来传送在所要求的限定时间内脉冲信号的例子。显然，只有在 u_B 为高电平的 t_{PO} 时间内，信号才能通过与门，这就是定时控制，其波形如图 6-6（b）所示。

（2）脉冲的整形

整形就是将不规则或因传输受干扰而使脉冲波形变坏的输入脉冲信号，通过单稳态电路后，可获得具有一定宽度和幅度的前后比较陡峭的矩形脉冲，如图 6-7 所示。

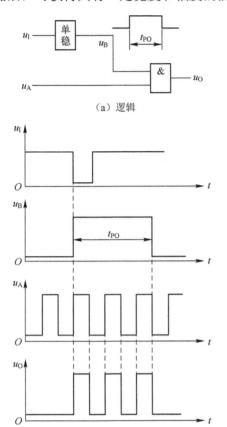

图 6-6　单稳态的定时作用

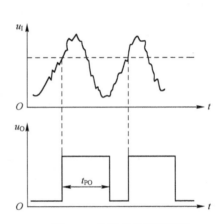

图 6-7　单稳态的整形作用

（3）脉冲的延时作用

一般用两个单稳态电路可组成一个较理想的脉冲延迟电路，图 6-8（a）所示是由两个 CT1121 集成单稳态触发器构成的延迟电路。图 6-8（b）给出了输入电压 u_I 和输出电压 u_O 的波形。可以看出，u_O 滞后 u_I 的时间 t_D 等于第 1 个单稳态触发器输出脉冲的宽度 t_{PO1}（它的大小由 R_1 和 C_1 决定）和第 2 个单稳态触发器输出脉冲的宽度 t_{PO2}（它的大小由 R_2 和 C_2 决定）之和。可以分别调整 t_{PO1} 和 t_{PO2} 而互不影响。

6.1.3　施密特触发器

施密特触发器是一种具有回差特性的双稳态电路。其特点是：电路具有两个稳态，且两个稳态依靠输入触发信号的电平大小来维持，由第一稳态翻转到第二稳态和由第二稳态翻回第一稳态所需的触发电平存在差值。

1．CMOS 门组成的施密特触发器

（1）电路组成

由 CMOS 门组成的施密特触发器电路如图 6-9（a）所示，它是将两级反相器串联起来，同时通过分压电阻把输出端的电压反馈到输入端。其波形如图 6-9（b）所示。

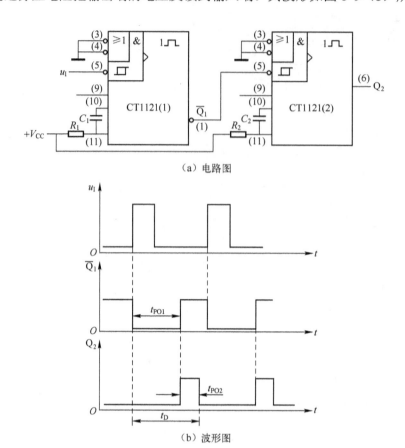

图 6-8 单稳态组成脉冲延迟电路

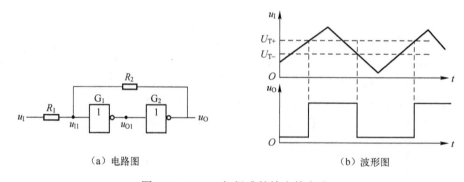

图 6-9 CMOS 门组成的施密特电路

（2）工作原理

当 u_I 为低电平时，门 G_1 截止，G_2 导通，则 $u_O = U_{OL} = 0$，触发器处于 $Q = 0$，$\overline{Q} = 1$ 的稳定状态。

当 u_I 上升 u_{I1} 也上升，在 u_{I1} 仍低于 U_T 情况下，电路维持原态不变。

当 u_I 继续上升并使 $u_{I1} = U_T$ 时，G_1 开始导通，G_2 截止，触发器翻转 $Q=1$，$\overline{Q}=0$，则 $u_O = U_{OH}$。此时的输入电压称为上限触发电压 U_{T+}，显然 $U_{T+} > U_T$。

当 u_I 从高电平下降时，u_{I1} 也下降，$u_I \leqslant U_T$ 以后，G_1 截止，G_2 导通，电路返回到前一稳态，即 $Q=0$，$\overline{Q}=1$，$u_O = U_{OL} = 0$。电路状态翻转时对应的输入电压称为下限触发电压 U_{T-}。

（3）电压传输特性

电压传输特性指输出电压 u_O 与输入电压 u_I 的关系，即 $u_O = f(u_I)$ 的关系曲线。

由原理分析可知，当 u_I 上升到 U_{T+} 时，u_O 从高电平变为低电平；而当 u_I 下降到 U_{T-} 时，u_O 从低电平到高电平，如图 6-10 所示。上限阈值电压与下限阈值电压之差称为回差电压，用 $\Delta U = U_{T+} - U_{T-}$ 表示。图 6-11 表示在 R_2 固定的情况下，改变 R_1 值可改变回差电压的大小。

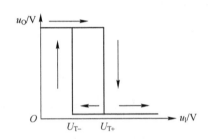

图 6-10 施密特触发器的电压传输特性

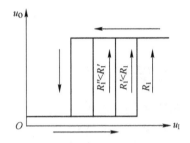

图 6-11 改变 R_1 值的电压传输特性曲线

2. 施密特触发器的应用

（1）波形的变换

施密特触发器广泛应用于波形变换。图 6-12 所示是将正弦波转换为矩形波。当输入电压等于或大于 U_{T+} 值时，电路为一种稳态；当输入电压等于或小于 U_{T-} 时，电路翻转为另一稳态。

这样，施密特触发器可以很方便地将正弦波、三角波等周期性波形变换成良好的矩形波。

（2）波形的整形

将不规则的波形变换成良好的矩形波称为整形。如图 6-13 所示，输入电压为受干扰的波形，通过施密特电路变为规则的矩形波。

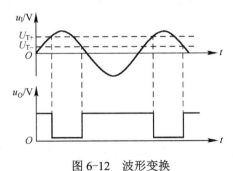

图 6-12 波形变换

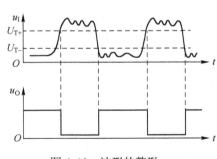

图 6-13 波形的整形

（3）脉冲幅度鉴别

利用施密特触发器，可以在输入幅度不等的一串脉冲中，把幅度（幅值）超过U_{T+}的脉冲鉴别出来。图 6-14 所示为脉冲鉴别器的输入、输出波形。只有幅度大于U_{T+}的脉冲，输出端才会有脉冲信号。

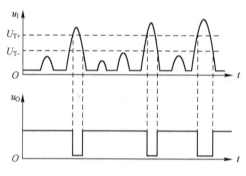

图 6-14 脉冲幅度鉴别

典型例题分析

【例题 6-1】 图 6-15（a）所示的或非门构成的微分型单稳态触发器，$R=10\text{k}\Omega$，若要得到脉冲宽度为 42ms，则 C 应选多大？

【解题思路】 本题考查的是单稳态触发器定时元件参数的选用。单稳态触发器输入脉冲宽度 t_{PO} 由定时元件 R 和 C 所决定，$t_{PO}=0.7RC$，在 R 已确定的情况下，只要选用合适的 C 便可使脉冲宽度 t_{PO} 满足要求。

【解题结果】 根据 $t_{PO}=0.7RC$ 公式得

$$C=\frac{t_{PO}}{0.7R}=\frac{42\times10^{-3}\text{s}}{0.7\times10\times10^3\Omega}=6\times10^{-6}\text{F}=6\mu\text{F}$$

所以，应选 6μF 的电容 C。

【例题 6-2】 将图 6-15（b）所示的正弦波分别加到图 6-15（a）所示的施密特触发器和施密特反相器的输入端。画出对应的 u_{O1}、u_{O2} 波形。

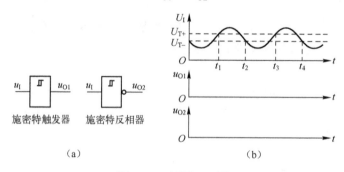

图 6-15 例题 6-2 图

【解题思路】 对于施密特触发器，在 u_I 上升过程中，只有 u_I 达到 U_{T+} 时，触发器才从第一稳态（$u_O=0$）翻转到第二稳态（$u_O=1$）；在u_I下降过程中，仅当u_I下降到U_{T-}，触发器才返回到第一稳态。而对于施密特反相器，输出电压的高低正好相反，在第一稳态时，输出电压$u_O=1$；在第二稳态时，输出电压$u_O=0$。

【解题结果】 对于施密特触发器，在输入信号u_I的 $0\sim t_1$期间，触发器处于第一稳态，输出u_{O1}为低电平；在t_1时刻，u_I上升到U_{T+}，触发器翻转到第二稳态，输出u_{O1}变为高电平；在t_2时刻，u_I下降至U_{T-}，触发器返回第一稳态，输出u_{O1}为低电平；在t_3时刻，u_I上升到U_{T+}，触发器翻转为第二稳态，u_{O1}为高电平；在t_4时刻，u_I下降至U_{T-}，触发器返回第一稳态，输出u_{O1}为低电平。综上所述，u_{O1}的波形如图 6-16 所示。

施密特反相器输出电压u_{O2}与u_{O1}的波形比较，输出电压的高低正相反，u_{O2}的波形如图 6-16 所示。

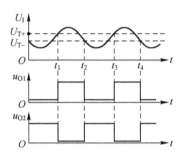

图 6-16 例题 6-2 解题结果

6.2 555 时基电路

学习目标：

① 了解 555 时基电路的引脚功能和逻辑功能。
② 了解 555 时基电路在生活中的应用实例。
③ 会用 555 时基电路搭接多谐振荡器、单稳态触发器和施密特触发器。

555 时基电路是一种集模拟、数字一体的中规模集成电路，是大多数数字系统的重要部件之一。555 时基电路不但本身可以组成定时电路，而且只要外接少量的阻容元件，就可以很方便地构成多谐振荡器、单稳态触发器以及施密特触发器等脉冲的产生与整形电路，是一种应用十分广泛、模拟与数字结合的典型电路。

6.2.1 555 时基电路

555 集成时基电路按内部器件类型可分双极型（TTL 型）和单极型（CMOS 型）。TTL 型产品型号的最后 3 位数码是 555 或 556，CMOS 型产品型号的最后 4 位数码都是 7555 或 7556，它们的逻辑功能和外部引线排列完全相同。555 芯片和 7555 芯片是单定时器，556 芯片和 7556 芯片是双定时器。下面以 CMOS 产品 CC7555 为例说明其结构、功能和特点。

1. 555 时基电路结构

555 定时器是一种把模拟电路和开关电路结合起来的器件。电路结构如图 6-17（a）所示，图 6-17（b）是它的引脚排列图。

由图 6-17（a）可见，定时器由电阻分压器、比较器、基本 RS 触发器、MOS 开关及输出缓冲器等 5 个基本单元组成。

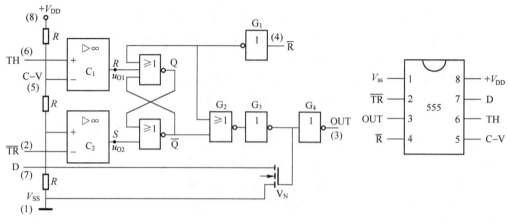

(a) 逻辑图　　　　　　　　　　　　(b) 引脚排列图

图 6-17　CC7555 集成定时器

(1) 电阻分压器

由 3 个阻值相同的电阻 R 串联构成，为电压比较器 C_1 和 C_2 提供两个参考电压。

$$V_{C1-} = \frac{2}{3}V_{DD}；\quad V_{C2+} = \frac{1}{3}V_{DD}$$

(2) 电压比较器 C_1 和 C_2

定时器的主要功能取决于集成运放 C_1 和 C_2 组成的比较器。比较器的输出直接控制基本 RS 触发器和 MOS 开关管的状态。比较器输出与输入的关系为

$$u_{TH} \geqslant \frac{2}{3}V_{DD}，\quad u_{O1}=1；\quad u_{TH} < \frac{2}{3}V_{DD}，\quad u_{O1}=0 。$$

$$u_{\overline{TR}} \geqslant \frac{1}{3}V_{DD}，\quad u_{O2}=0；\quad u_{\overline{TR}} < \frac{1}{3}V_{DD}，\quad u_{O2}=1 。$$

式中，下角 TH 为阈值输入端，$\overline{TR}$ 为触发输入端。

(3) 基本 RS 触发器

基本 RS 触发器由 2 个或非门组成。C_1 和 C_2 的输出电压 u_{O1} 和 u_{O2} 是基本 RS 触发器的输入信号。u_{O1} 和 u_{O2} 状态的改变，决定触发器输出端 Q 和 $\overline{Q}$ 的状态。若 $\overline{R}=1$，则

当 $u_{O1}=0$，$u_{O2}=1$ 时，Q＝1，$\overline{Q}=0$；

当 $u_{O1}=1$，$u_{O2}=0$ 时，Q＝0，$\overline{Q}=1$；

当 $u_{O1}=0$，$u_{O2}=0$ 时，Q 和 $\overline{Q}$ 维持原状态。

(4) MOS 开关管

N 沟道增强型 MOS 管，用来作为放电开关。受 $\overline{Q}$ 控制，当 $\overline{Q}=0$ 时，V_N 管截止；当 $\overline{Q}=1$ 时，V_N 管导通。

(5) 输出缓冲器

两级反相器 G_2 和 G_3 构成输出缓冲器。其作用是提高电流驱动能力，且具有隔离作用。

（6）直接复位端 $\overline{R}$

$\overline{R}$ 为外部直接复位端，当 $\overline{R}=0$ 时，G_1 输出高电平，使输出端 $Q=0$。

2．555 时基电路的逻辑功能

根据上述原理分析，可归纳出 CC7555 逻辑功能，见表 6-1。

表 6-1　CC7555 功能表

$\overline{R}$	TH	$\overline{TR}$	OUT(Q)	D
0	×	×	0	导通
1	$\geqslant \frac{2}{3}V_{DD}$	$\geqslant \frac{1}{3}V_{DD}$	0	导通
1	$< \frac{2}{3}V_{DD}$	$< \frac{1}{3}V_{DD}$	1	截止
1	$< \frac{2}{3}V_{DD}$	$> \frac{1}{3}V_{DD}$	原状态	原状态

（1）直接复位功能

当直接复位输入端 $\overline{R}=0$ 时，不管其他输入端状态如何，输出 $Q=0$，$\overline{Q}=1$，放电管 V_N 导通。当直接复位端不用时，应使 $\overline{R}=1$。

（2）复位功能

当复位控制输入端 $u_{TH} \geqslant \frac{2}{3}V_{DD}$，置位输入端 $u_{\overline{TR}} \geqslant \frac{1}{3}V_{DD}$ 时，$u_{O1}=1$，$u_{O2}=0$，则 $Q=0$，$\overline{Q}=1$，V_N 导通。

（3）置位功能

当 $u_{TH} < \frac{2}{3}V_{DD}$，$u_{\overline{TR}} < \frac{1}{3}V_{DD}$ 时，$u_{O1}=0$，$u_{O2}=1$，则 $Q=1$，$\overline{Q}=0$，V_N 截止。

（4）维持功能

当 $u_{TH} < \frac{2}{3}V_{DD}$，$u_{\overline{TR}} \geqslant \frac{1}{3}V_{DD}$ 时，$u_{O1}=0$，$u_{O2}=0$，则 Q 和 $\overline{Q}$ 状态维持不变。

6.2.2　555 时基电路的应用

1．用 555 时基电路构成的多谐振荡器

（1）电路组成

用 CC7555 时基电路构成的多谐振荡器如图 6-18（a）所示。其中，电容 C 经 R_2、555 内部的场效应管 V_N 构成放电回路，而电容 C 的充电回路却由 R_1 和 R_2 串联组成。为了提高比较电路参考电压的稳定性，通常在 5 脚与地之间接有 $0.01\mu F$ 的滤波电容，以消除干扰。

（2）工作原理

电源 V_{DD} 刚接通时，电容 C 上的电压 u_C 为零，电路输出 u_O 为高电平，放电管 V_N 截止，处于第一暂态。之后 V_{DD} 经 R_1 和 R_2 对 C 充电，使 u_C 不断上升，当 u_C 上升到 $u_C \geqslant \frac{2}{3}V_{DD}$ 时，电路翻转置 0，输出 u_O 变为低电平，此时，放电管 V_N 由截止变为导通，进入第二暂态。C 经 R_2 和 V_N 开始放电，使 u_C 下降，当 $u_C \leqslant \frac{1}{3}V_{DD}$ 时，电路又翻转置 1，输出

u_O 回到高电平，V_N 截止，回到第一暂态。随后，上述充、放电过程被再次重复，从而形成连续振荡。该振荡器的工作波形如图 6-19（b）所示。

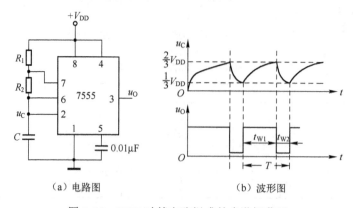

图 6-18　7555 时基电路组成的多谐振荡器

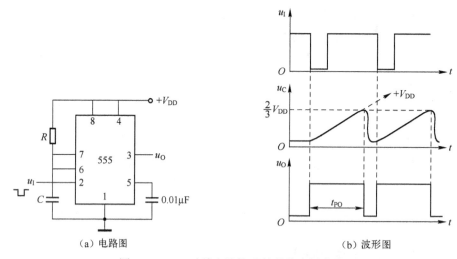

图 6-19　555 时基电路构成的单稳态触发器

（3）振荡周期

振荡周期的计算公式为

$$T = t_{W1} + t_{W2} = 0.7(R_1 + 2R_2)C$$

2. 用 555 时基电路构成的单稳态触发器

1）电路组成

用 555 时基电路构成的单稳态触发器如图 6-20（a）所示。输入触发脉冲 u_I 接在 $\overline{TR}$ 端 2 脚，TH 端和 D 端相联，并与定时元件 R 和 C 相接。图 6-20（b）所示为该触发器的工作波形图。

2）工作原理

（1）稳态

u_I 为高电平。接好电路，接通电源时，$+V_{DD}$ 通过 R 对 C 充电，使 u_C 上升，当 u_C 上

升到 $\frac{2}{3}V_{DD}$ 时，触发器置 0，即 Q=0，$\overline{Q}$=1，放电管 V_N 导通，电容通过放电管迅速放电，直到 u_C=0。一旦放电管 V_N 导通，C 被旁路，无法再充电，所以这时电路处于稳定状态。这时 u_I=1，R=0，S=0，u_O=0。

（2）触发翻转

当输入端加入负脉冲（宽度应小于脉宽 t_{PO}），即 $u_{\overline{TR}} < \frac{1}{3}V_{DD}$，则 S=1(R=0)，触发器翻转为 1 态，输出 u_O 为高电平，即 Q=1，$\overline{Q}$=0。这时 u_I=0，R=0，S=1，u_O=1。

（3）暂稳态

u_I 从低电平变为高电平。C 开始充电，定时开始，充电时间常数 $\tau = RC$。当 $\frac{1}{3}V_{DD} < u_C < \frac{2}{3}V_{DD}$ 时，S=0，R=0，触发器状态不变，Q=1，$\overline{Q}$=0。这时，u_I=1，R=0，S=0，u_O=1。

（4）自动返回

当 u_C 上升到 $\frac{2}{3}V_{DD}$ 时，R=1(S=0)，触发器置 0，即 Q=0，$\overline{Q}$=1。放电管 V_N 导通，C 放电，定时结束。暂稳态结束，这时，u_I=1，R=1，S=0，u_O=0。

（5）恢复过程

放电管导通后，电容 C 放电，当 $u_C < \frac{2}{3}V_{DD}$ 时，R=0(S=0)，基本 RS 触发器保持原态，Q=0，$\overline{Q}$=1，这时，u_I=1，R=0，S=0，u_O=0。

当第二个触发脉冲到来时，重复上述过程，其工作波形见图 6-19（b）。

3. 用 555 时基电路构成的施密特触发器

（1）电路组成

将 555 时基电路的复位、置位端 TH 与 $\overline{TR}$ 连在一起作为信号输入端即构成施密特触发器，如图 6-20（a）所示，图 6-20（b）所示为输入、输出波形。

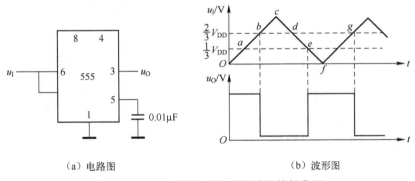

（a）电路图　　　　　　　　　　　（b）波形图

图 6-20　555 时基电路组成的施密特触发器

（2）工作原理

设输入信号 u_I 为三角波，见图 6-20（b）。由表 6-1 知，当 $u_I < \frac{1}{3}V_{DD}$ 时，S=1，R=0，电路输出 u_O 为高电平；当 $\frac{1}{3}V_{DD} < u_I < \frac{2}{3}V_{DD}$ 时（a，b 两点之间），由于 $u_{TH} < \frac{2}{3}V_{DD}$，

$u_{\overline{TR}} \geq \frac{1}{3}V_{DD}$,所以 S=R=0,则 u_O 保持为高电平;当 u_I 继续增大到 $u_I = \frac{2}{3}V_{DD} = U_{T+}$ 时(b 点),这时 $u_{TH} \geq \frac{2}{3}V_{DD}$,$u_{\overline{TR}} \geq \frac{1}{3}V_{DD}$,使 S=0,R=1,则 u_O 由高电平变为低电平;u_I 继续上升到 c 点,因 S=0,R=1,所以 u_O 仍为低电平。当 u_I 从最大值下降时,当 $\frac{1}{3}V_{DD} < u_I < \frac{2}{3}V_{DD}$ 时(d, e 点之间),由于 $u_{TH} < \frac{2}{3}V_{DD}$,$u_{\overline{TR}} \geq \frac{1}{3}V_{DD}$,S=R=0,所以输出保持不变。当 u_I 继续下降到 $u_I = \frac{1}{3}V_{DD} = U_{T-}$ 时(e 点),这时 S=1,R=0,输出由低电平变为高电平。以后在 e,f,g 之间,因 S=R=0,所以 u_O 仍维持高电平,直到 u_I 到达 g 点,u_O 才又变为低电平。

典型例题分析

【例题 6-3】 图 6-21 所示为一简易触摸开关电路。触摸金属片时,发光二极管亮,经过一段时间,发光二极管熄灭。试说明其工作原理。

【解题思路】 本题考查的是用 555 时基电路构成的单稳态触发器。它所具备的特点是:没有外加触发信号作用时,电路始终处于稳态;在外加触发信号的作用下,电路能从稳态翻转到暂态;暂态是一种不能长久保持的状态,维持一段时间后,电路会自动返回到稳态。

【解题结果】 这是由 555 时基电路组成的一个单稳态定时电路,用手触摸金属片时,人作为导体,相当于给 2 端一个低电平触发信号,此时 3 端输出高电平,故发光二极管亮,同时电路也进入暂稳态。暂稳态过程的长短由 RC 回路决定。在暂稳态过程结束后,3 端恢复为低电平,发光二极管熄灭,其各点波形如图 6-22 所示。

对于 555 典型应用电路,有输入且有 RC,则可初步判断是单稳态电路,否则要查 555 的功能表,进行分析后再作结论。

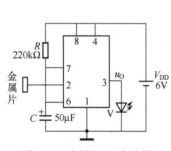

图 6-21 例题 6-3 电路图

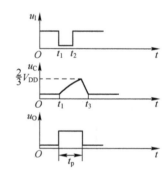

图 6-22 单稳态电路的波形图

6.3 实训项目:555 构成的叮咚门铃电路安装与调试

1. 技能目标

① 能根据电路原理图正确安装由 555 构成的叮咚门铃电路。
② 会判断并检修由 555 构成的叮咚门铃电路的简单故障。

2．工具、元件和仪器

① 电烙铁等常用电子装配工具。

② 555、电阻、扬声器等。

③ 万用表、示波器和低频信号发生器。

3．技能训练

（1）电路原理图

如图 6-23 所示为 555 集成电路构成的叮咚门铃电路原理图，该电路颇具特色。以 555 时基电路为核心组成双音门铃，能发出悦耳的叮咚声，其中，CB555，R_1，R_2，R_3，VD_1，VD_2，C_1 等组成一个多谐振荡器，SB 为门铃按钮，平时处于断开状态。在 SB 断开的情况下，CB555 的 4 脚呈低电平，使 CB555 处于强制复位状态，3 脚输出低电平，扬声器不发声。

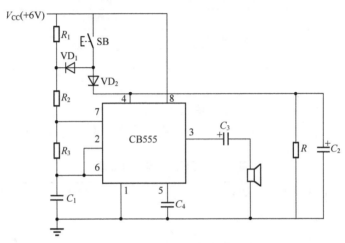

图 6-23　叮咚门铃电路原理图

按下 SB 后，电源 V_{CC} 通过 VD_2 对 C_2 快速充电至 6V，CB555 的 4 脚为高电平，CB555 振荡器起振。此时电源通过 VD_1，R_2，R_3 给 C_1 进行充电，随着 C_1 充电其两端电压（2，6 脚电压）升高超过 $\frac{2}{3}V_{CC}$ 时，3 脚输出为低电位，同时 555 内部放电管导通，C_1 开始放电，放电回路为 $C_1 \to R_3 \to$ 芯片内部放电管 $\to$ 地。振荡频率为 $f = \frac{1.44}{(R_2 + 2R_3)C_1}$。此振荡信号从 CB555 的 3 脚输出驱动扬声器发出"叮……"的声音。

当松开 SB 轻触开关后，由于 C_2 上已充满电荷，即 555 的 4 脚为高电平，555 振荡器仍然继续振荡，但这时 C_1 的充电回路为 $V_{CC} \to R_1 \to R_2 \to R_3 \to C_1$，而放电常数仍为 R_3C_1，此时的振荡频率为 $f = \frac{1.44}{(R_1 + R_2 + 2R_3)C_1}$。可见，此频率比按下 SB 轻触开关时的频率低，随着 C_2 上的电压逐渐变低，当降至 0.4V 以下后，555 便处于强制复位状态，电路停振。所以，C_2 放电至 0.4V 时扬声器发出"咚"声，实现了"叮咚"门铃的效果。

（2）装配要求和方法

工艺流程：准备→熟悉工艺要求→绘制装配草图→核对元件数量、规格、型号→元件检测→元件预加工→装配、焊接→总装加工→自检。

具体操作过程详见 1.2.3 小节实训项目，表 6-2 为叮咚门铃电路元件清单。

表 6-2　叮咚门铃电路元件清单

代　号	名　称	规　格	数　量
R_1	碳膜电阻	18kΩ	1
R_2	碳膜电阻	15kΩ	1
R_3	碳膜电阻	5.6kΩ	1
R	碳膜电阻	100Ω	1
C_1, C_4	涤纶电容	0.01μF	2
C_2	电解电容	220μF	1
C_3	电解电容	10μF	1
VD_1, VD_2	二极管	IN4007	2
IC1	集成电路	555	1
SB	轻触开关		1

（3）调试、测量

① 按下轻触开关 SB，扬声器有无发出"叮咚"声。

② 按住、松开轻触开关，用示波器分别观察输出波形，完成表 6-3。

表 6-3　叮咚门铃电路测量表

按住轻触开关，555 的 3 脚输出波形	松开轻触开关，555 的 3 脚输出波形

（4）实训项目考核评价

完成实训项目，填写表 6-4。

表 6-4　叮咚门铃电路安装与调试考核评价表

评价指标	评价要点	评价结果			
		优	良	中	合格	差
理论知识	1. 555 应用知识掌握情况					
	2. 装配草图绘制情况					
技能水平	1. 元件识别与清点					
	2. 实训项目工艺情况					
	3. 实训项目调试测量情况					
	4. 示波器操作熟练度					
安全操作	能否按照安全操作规程操作，有无发生安全事故，有无损坏仪表					
总评	评别	优	良	中	合格	差	总评得分
		100～88	87～75	74～65	64～55	≤54	

思考题与习题 6

6-1　在数字电路中，获得脉冲信号的方法主要有哪些？

6-2　说明多谐振荡器的工作特点及主要用途。

6-3　说明单稳态触发器的工作特点及主要用途。

6-4　说明施密特触发器的工作特点及主要用途。

6-5　555 定时器的主要功能有哪些？

6-6　题 6-6 图所示为由 CMOS 或非门构成的电路，试回答下列问题。

（1）电路的名称是_____。

（2）当 $u_I = 0$ 时，电路处于稳态，门 G_1 输出_____电平，门 G_2 输出_____电平。

（3）输入正方波 u_I 后，定性的画出 u_O 波形。

6-7　题 6-7 图所示为 TTL 与非门组成的电路，试回答下列问题。

（1）电路的名称是_____。

（2）稳态时，门 G_1 输出_____电平，门 G_2 输出_____电平。

（3）在输入 u_I 为负方波时，定性的画出与 u_I 相对应的 u_O 波形。

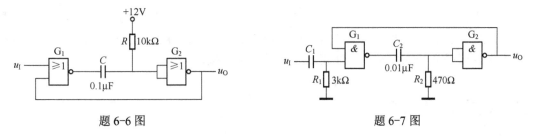

题 6-6 图　　　　　　　　　　　题 6-7 图

6-8　CC7555 集成电路由哪几个单元电路组成？简述 CC7555 的工作原理。

6-9　题 6-9 图是由 555 定时器构成的一个简易电子门铃电路，分析该电路的工作原理。

6-10　分析题 6-10 图所示电路的工作原理。

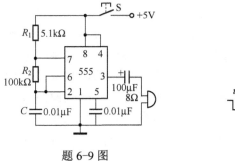 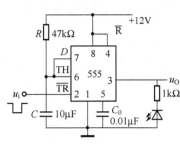

题 6-9 图　　　　　　　　　　　题 6-10 图

第 7 章 数/模转换和模/数转换

图 7-1 所示是应用计算机进行控制的生产过程示意图。在应用计算机对生产过程进行控制时，经常要把温度、压力、流量、物体的形变、位移等非电量通过各种传感器检测出来，变换为相应的模拟电压（或电流），再把模拟信号经模/数（A/D）转换器转换成相应的数字信号，送入计算机处理。计算机处理后所得到的仍是数字信号，经数/模（D/A）转换器转换成相应的模拟信号后，去控制相应的执行机构，实现实时控制的目的。

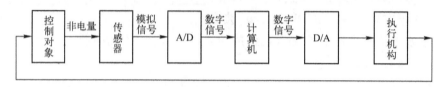

图 7-1 计算机控制生产过程示意图

实际上，在数据传输系统、自动测试设备、医疗信息处理、电视信号的数字化、图像信号的处理和识别、数字通信和语音信息处理等方面，同样都离不开 A/D 和 D/A 转换器。本章主要是介绍如何实现上述模数和数模转换问题。

7.1 数模转换电路

学习目标：
① 了解数/模转换的基本知识。
② 了解数/模转换的应用。

7.1.1 D/A 转换电路基本知识

将数字信号转换为模拟信号的过程称之为数/模转换，简称 D/A 转换，完成 D/A 转换的电路称为数/模转换器，简称 DAC。数/模转换器输入的是数字量，输出的是模拟量。由于数字量是使用二进制代码按数位组合起来表示的，构成数字代码的每一位都有一定的权。为了将数字量转换成模拟量，必须将每一位的代码按其权的大小转换成相应的模拟量，然后将这些模拟量相加，就可得到与相应的数字量成正比的总的模拟量，这样就实现了从数字量到模拟量的转换。这就是 D/A 转换器的基本原理，其组成框图如图 7-2 所示。

图 7-2 中，数据锁存器用来暂时存放输入的数字量，这些数字量控制模拟电子开关，将参考电压源 V_{REF} 按位切换到电阻译码器中获得相应数位权值，然后送入求和运算放大器，输出相应的模拟电压，完成 D/A 转换过程。

第 7 章 数/模转换和模/数转换

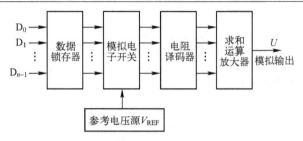

图 7-2　n 位 D/A 转换器组成框图

D/A 转换器按电阻网络的不同，可分成 T 型电阻网络型、倒 T 型电阻网络型、权电阻网络型、权电流型等。这里只介绍倒 T 型电阻网络 D/A 转换器。

1. 倒 T 型电阻网络 D/A 转换器

如图 7-3 所示为一个 4 位倒 T 型电阻网络 D/A 转换器（按同样结构可将它扩展到任意位置），它由数据锁存器（图中未画出）、模拟电子开关（S）、R-2R 倒 T 型电阻网络、运算放大器（A）及基准电压 U_{REF} 组成。电阻网络只有 R（通常 R_F 取为 R）和 $2R$ 两种电阻，给集成电路的设计和制作带来了很大的方便，所以成为使用最多的一种 D/A 转换电路。

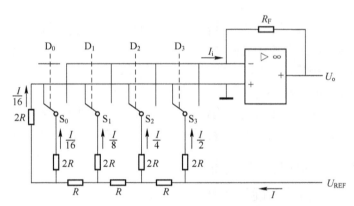

图 7-3　倒 T 型电阻网络 D/A 转换器

模拟电子开关 S_3，S_2，S_1，S_0 分别受数据锁存器输出的数字信号 D_3，D_2，D_1，D_0 控制。当输入的数字信号 $D_0 \sim D_3$ 的任何一位为 1 时，对应的开关便将电阻 $2R$ 接到放大器的反相输入端（虚地点）；若为 0 时，则对应的开关将电阻 $2R$ 接地（同相输入端）。经过推导得出如下公式：

在 $R_F = R$ 时，输出电压为

$$U_o = -\frac{U_{REF}}{2^4}(D_3 \cdot 2^3 + D_2 \cdot 2^2 + D_1 \cdot 2^1 + D_0 \cdot 2^0)$$

将输入数字量扩展到 n 位，则有

$$U_o = -\frac{U_{REF}}{2^n}(D_{n-1} \cdot 2^{n-1} + D_{n-2} \cdot 2^{n-2} + \cdots + D_1 \cdot 2^1 + D_0 \cdot 2^0)$$

由于倒 T 型电阻网络 D/A 转换器中各支路的电流直接流入了运算放大器的输入端，它们之间不存在传输时间差，因而提高了转换速度并减小了动态过程中输出端可能出现的尖峰脉冲。

鉴于以上原因，倒 T 型电阻网络 D/A 转换器是目前使用的 D/A 转换器中速度较快的一种，也是用得较多的一种。

2. D/A 转换的主要技术参数

（1）分辨率

分辨率是指 D/A 转换器输出的最小电压变化量与满刻度输出电压之比。

最小输出电压变化量就是对应于输入数字量最低位（LSB）为 1，其余各位为 0 时的输出电压，记为 U_{LSB}；满刻度输出电压就是对应于输入数字量的各位全是 1 时的输出电压，记为 U_{FSR}。对于一个 n 位的 D/A 转换器，分辨率可表示为

$$分辨率 = \frac{U_{LSB}}{U_{FSR}} = \frac{1}{2^n - 1}$$

一个 $n=10$ 位的 D/A 转换器，其分辨率是 0.000978。

（2）转换精度

转换精度是指输出模拟电压的实际值与理想值之间的偏差。这种误差主要是由于参考电压偏离标准值、运算放大器的零点漂移、模拟开关的压降以及给定电阻阻值的偏差等引起的。

（3）线性误差

由于种种原因，DAC 的实际转换的线性度与理想值是有偏差的，这种偏差就是线性误差。产生线性误差的主要原因有两个：一是各位模拟开关的压降不一定相等；二是各个电阻值的偏差不一定相等。

（4）输出建立时间（转换速度）

从输入数字信号起到输出量达到稳定值所用的时间，叫做转换速度。电流型 DAC 转换速度较快，电压输出的转换速度较慢，这主要是运算放大器的响应时间引起的。

7.1.2 集成数/模转换器的应用

1. 集成 D/A 转换器 DAC0832 介绍

DAC0832 是采用 CMOS 工艺制成的 8 位数/模转换器，由两个 8 位寄存器（输入寄存器和 DAC 寄存器）、8 位 D/A 转换电路组成，使用时需外接运算放大器。采用两级寄存器，可使 D/A 转换电路在进行 D/A 转换和输出的同时，采集下一组数据，从而提高了转换速度。DAC0832 的引脚排列和实物图如图 7-4 所示，各引脚功能如下。

$D_0 \sim D_7$：八位输入数据信号。

I_{OUT1}：模拟电流输出端，此输出信号一般作为运算放大器的一个差分输入信号（一般接反相端）。

I_{OUT2}：模拟电流输出端，它是运算放大器的另一个差分输入信号（一般接地）。

V_{REF}：参考电压接线端，其电压范围为-10～+10V。

V_{CC}：电路电源电压，可在+5～+15V 范围内选取。

DGND：数字电路地。

AGND：模拟电路地。

$\overline{CS}$：片选信号，输入低电平有效。当 $\overline{CS}=1$ 时，输入寄存器处于锁存状态，输出保

持不变；当 $\overline{CS}=0$，且 ILE = 1，$\overline{WR_1}=0$ 时，输入寄存器打开，这时它的输出随输入数据的变化而变化。

（a）DAC0832引脚排列

（b）实物图

图 7-4 集成电路 DAC0832

ILE：输入锁存允许信号，高电平有效，与 $\overline{CS}$，$\overline{WR_1}$ 共同控制来选通输入寄存器。

$\overline{WR_1}$：输入数据选通信号，低电平有效。

$\overline{XFER}$：数据传送控制信号，低电平有效，用来控制 DAC 寄存器，当 $\overline{XFER}=0$，$\overline{WR_2}=0$ 时，DAC 寄存器才处于接收信号、准备锁存状态，这时 DAC 寄存器的输出随输入而变。

$\overline{WR_2}$：数据传送选通信号，低电平有效。

R_{fB}：反馈电阻输入引脚，反馈电阻在芯片内部，可与运算放大器的输出直接相连。

DAC0832 由于采用两个寄存器，使应用具有很大的灵活性，具有三种工作方式：双缓冲器型、单缓冲器型和直通型。

2. 应用电路

用 DAC0832 芯片构成 D/A 转换电路的典型接线如图 7-5 所示。

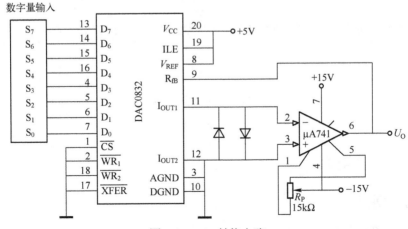

图 7-5 D/A 转换电路

典型例题分析

【例题 7-1】 已知某数模转换器有 4 位,其最小输出电压增量 $U_{O\min}$=0.1V,则其满刻度输出电压为何值?

【解题思路】 本题考查的知识点是分辨率的基本定义。解题可分为两步进行:(1)根据数模转换器的位数可求得分辨率;(2)根据分辨率和最小输出电压增量来计算满刻度输出最大电压 $U_{O\max}$。

【解题结果】 4 位数模转换器的分辨率为

$$\text{分辨率} = \frac{1}{2^n - 1} = \frac{1}{2^4 - 1} = \frac{1}{15} \approx 0.067$$

根据分辨率的定义,其值为最小输出电压和最大输出电压之比,因此

$$\text{分辨率} = \frac{U_{O\min}}{U_{O\max}}$$

根据上式整理可求得输出最大电压为

$$U_{O\max} = \frac{0.1\text{V}}{0.067} = 1.5\text{V}$$

【例题 7-2】 有一 8 位倒 T 形电阻网络数/模转换器,基准电压 $U_{REF} = +10\text{V}$,$R_F = R$,当 D=10000000 和 D=01000000 时,分别求输出模拟电压。

【解题思路】 本题的意图是熟悉倒 T 形电阻网络数模转换器的计算公式。输出的模拟电压 U_O 与输入的二进制数成正比,8 位二进制输入的倒 T 形电阻网络数/模转换器的输出电压 U_O 计算公式为

$$U_O = -\frac{U_{REF}}{2^8}(2^7 D_7 + 2^6 D_6 + 2^5 D_5 + 2^4 D_4 + 2^3 D_3 + 2^2 D_2 + 2^1 D_1 + 2^0 D_0)$$

【解题结果】 当输入 8 位二进制 D=10000000 时,只有 $D_7=1$,$D_0 \sim D_6$ 均为 0,则

$$U_O = -\frac{U_{REF}}{2^8} \times 2^7$$
$$= -\frac{10\text{V}}{2^8} \times 2^7$$
$$= -5\text{V}$$

当输入 8 位二进制 D=01000000 时,只有 $D_6=1$,其余为 0,则

$$U_O = -\frac{U_{REF}}{2^8} \times 2^6$$
$$= -\frac{10\text{V}}{2^8} \times 2^6$$
$$= -2.5\text{V}$$

7.2 模/数转换电路

学习目标:

① 了解模/数转换的基本概念。

② 了解模/数转换电路的应用。

7.2.1 A/D 转换电路基本知识

将模拟信号转换为数字信号的过程称之为模/数转换，简称 A/D 转换，完成 A/D 转换的电路称为模/数转换器，简称 ADC。一个完整的 A/D 转换要经过四个步骤，即采样、保持、量化、编码。

1. 采样与保持

采样是将连续变化的模拟量作等间隔的抽样取值，即将时间上连续变化的模拟量转换为时间上断续的模拟量。采样原理如图 7-6（a）所示，它是一个受采样脉冲 u_s 控制的开关，其工作波形如图 7-6（b）所示。当 u_s 为高电平时，采样开关闭合，输出端 $u_O = u_i$；当 u_s 为低电平时，开关断开，输出电压 $u_O = 0$，所以在输出端得到一种脉冲式的采样信号。显然采样频率 f_s 越高，所取得的信号与输入信号越接近，转换误差就越小。为不失真地还原模拟信号，采样频率应不小于输入模拟信号频谱中最高频率的两倍，即

$$f_s \geq 2f_{i\max}$$

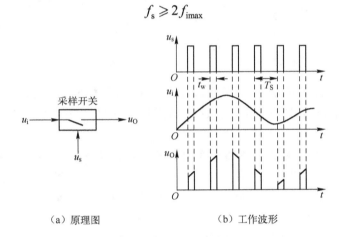

（a）原理图　　　　（b）工作波形

图 7-6　采样过程示意图

将采样后的模拟信号转换为数字信号需要一定时间，所以在每次采样后需将采样电压经保持电路保持一段时间，以便进行转换。

2. 量化与编码

输入模拟信号经采样-保持后得到的是阶梯模拟信号，还不是数字信号，需进行量化。将采样-保持后的电压转换为某个规定的最小单位电压整数倍的过程称为量化。在量化过程中不可能正好是整数倍，所以量化前后不可避免地存在误差，称为量化误差。量化过程常用两种方法：只舍不入法和四舍五入法。

将量化后的数值用二进制代码表示，称为编码。经编码后的二进制代码就是模/数转换器的输出数字信号。

3. 模/数转换的原理

（1）A/D 转换器的分类

A/D 转换器的种类很多，按其转换过程，大致可以分为直接型 A/D 转换器和间接型

A/D 转换器两种，如图 7-7 所示。

直接型 A/D 转换器能把输入的模拟电压直接转换为输出的数字代码，不需要通过中间变量。常用的电路有反馈比较型和并行比较型两种。

间接型 A/D 转换器是把待转换的输入模拟电压先转换为一个中间变量，然后再对中间变量进行量化编码得出转换结果。

（2）逐次逼近型 A/D 转换器

逐次逼近型 A/D 转换器是一种反馈比较型 A/D 转换器，如图 7-8 所示，它由电压比较器、逻辑控制器、n 位逐次逼近寄存器和 n 位 D/A 转换器组成。

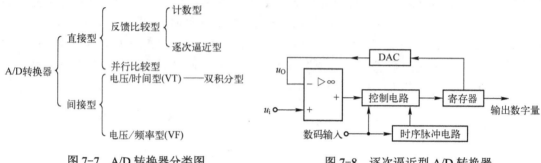

图 7-7　A/D 转换器分类图　　　　图 7-8　逐次逼近型 A/D 转换器

逐次逼近型 A/D 转换器的工作原理与用天平称质量类似。它是将大小不同的参考电压与输入模拟电压逐次进行比较，比较结果以相应的二进制代码表示。其过程如下所述：

当电路收到启动信号后，首先将寄存器置零，之后第一个 CP 时钟脉冲到来时，控制逻辑将寄存器的最高位置为 1，使其输出为 100…0。这组数字量由 D/A 转换器转换成模拟电压 u_O，送到比较器与输入模拟电压 u_i 进行比较。若 $u_i > u_O$，则应将这一位的 1 保留，比较器输出为 1；若 $u_i < u_O$，说明寄存器输出数码过大，舍去这一位的 1，比较器输出为 0。以此类推，将下一位置 1 进行比较，直到最低位为止。

此时，寄存器中的 n 位数字量即为模拟输入电压所对应的数字量。通常，从清 0 到输出数据完成 n 位转换需要 $n+2$ 个脉冲。

4．A/D 转换器的主要技术指标

（1）转换精度

在 A/D 转换器中，通常用分辨率和转换误差来描述转换精度。

分辨率是指引起输出二进制数字量最低有效位变动一个数码时，对应输入模拟量的最小变化量。小于此最小变化量的输入模拟电压，不会引起输出数字量的变化。对于 n 位 ADC，其分辨率为 $\dfrac{1}{2^n}$。

A/D 转换器的分辨率反映了它对输入模拟量微小变化的分辨能力，它与输出的二进制数的位数有关，在 A/D 转换器分辨率的有效值范围内，输出二进制数的位数越多，分辨率越小，分辨能力就越强。

转换误差表示 A/D 转换器实际输出的数字量与理想输出的数字量之间的差别，并用最低有效位 LSB 的倍数来表示。

（2）转换速度

A/D 转换器完成一次从模拟量到数字量转换所需要的时间，即从转换开始到输出端出现稳定的数字信号所需要的时间，称为转换速度。并行型 A/D 转换器速度最高，约为数十纳秒；逐次逼近型 A/D 转换器速度次之，约为数十微秒；双积分型 A/D 转换器速度最慢，约为数十毫秒。

7.2.2 集成模/数转换器的应用

ADC0809 是一种常用的集成 A/D 转换器，能实现 8 位 A/D 转换，带有 8 路多路开关以及与微处理机兼容的控制逻辑的 CMOS 组件。它是逐次逼近式 A/D 转换器，可以和单片机直接接口。

1．ADC0809 的内部逻辑结构

ADC0809 的内部逻辑结构如图 7-9 所示。

由图 7-9 可知，ADC0809 由一个 8 路模拟开关、一个地址锁存与译码器、一个 A/D 转换器和一个三态输出锁存器组成。多路开关可选通 8 个模拟通道，允许 8 路模拟量分时输入，共用 A/D 转换器进行转换。三态输出锁存器用于锁存 A/D 转换完的数字量，当 OE 端为高电平时，才可以从三态输出锁存器取走转换完的数据。

2．ADC0809 引脚结构

ADC0809 引脚排列如图 7-10 所示。

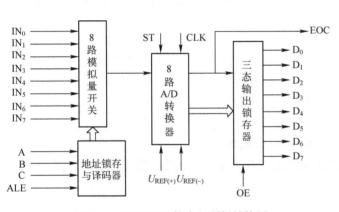

图 7-9　ADC0809 的内部逻辑结构图　　　图 7-10　ADC0809 引脚排列图

$IN_0 \sim IN_7$：8 条模拟量输入通道。

ADC0809 对输入模拟量的要求：信号单极性，电压范围是 0～5V，若信号太小，必须进行放大；输入的模拟量在转换过程中应该保持不变，如若模拟量变化太快，则需在输入前增加采样保持电路。

地址输入和控制线：4 条。

ALE 为地址锁存允许输入线，高电平有效。当 ALE 线为高电平时，地址锁存与译码器将 A，B，C 三条地址线的地址信号进行锁存，经译码后被选中的通道的模拟量进入转换器进行转换。A，B 和 C 为地址输入线，用于选通 $IN_0 \sim IN_7$ 上的一路模拟量输入。通道选择见表 7-1。

表 7-1 ADC0809 通道选择表

C	B	A	选择的通道
0	0	0	IN_0
0	0	1	IN_1
0	1	0	IN_2
0	1	1	IN_3
1	0	0	IN_4
1	0	1	IN_5
1	1	0	IN_6
1	1	1	IN_7

数字量输出及控制线：11 条。

ST 为转换启动信号。在 ST 上升沿时，所有内部寄存器清零；下降沿时，开始进行 A/D 转换；在转换期间，ST 应保持低电平。EOC 为转换结束信号，当 EOC 为高电平时，表明转换结束；否则，表明正在进行 A/D 转换。OE 为输出允许信号，用于控制三条输出锁存器向单片机输出转换得到的数据。OE=1，输出转换得到的数据；OE=0，输出数据线呈高阻状态。$D_7 \sim D_0$ 为数字量输出线。CLK 为时钟输入信号线。因 ADC0809 的内部没有时钟电路，所需时钟信号必须由外界提供，通常使用频率为 500kHz，$U_{REF(+)}$ 和 $U_{REF(-)}$ 为参考输入电压。

3．ADC0809 应用说明

① ADC0809 内部带有输出锁存器，可以与 AT89S51 单片机直接相连。
② 初始化时，使 ST 和 OE 信号全为低电平。
③ 送将要转换的一通道的地址到 A，B，C 端口上。
④ 在 ST 端给出一个至少有 100ns 宽的正脉冲信号。
⑤ 是否转换完毕，可以根据 EOC 信号来判断。
⑥ 当 EOC 变为高电平时，这时将 OE 变为高电平，转换的数据就输出给单片机了。

 典型例题分析

【例题 7-3】 一个 8 位的模/数转换器，满量程时的输入电压为+5V，其分辨率为多少？最小分辨电压是多少？

【解题思路】 本题考查的是模/数转换器的分辨率计算。模数转换器的分辨率是指输出数字量变化一个相邻数码所需输入模拟量的最小变化量，它表明模数转换的精度，位数越多，转换精度越高。计算公式为：分辨率 $=\dfrac{1}{2^n}$。

注意，此公式的含义和用法不要与数/模转换器的分辨率计算公式 $\dfrac{1}{2^n-1}$ 混淆。

【解题结果】 分辨率 $=\dfrac{1}{2^8}\approx 0.0039$。

最小分辨电压 $U_{\text{imin}}=5\text{V}\times 0.0039\approx 19.5\text{mV}$。

【例题 7-4】 一个 8 位逐次逼近型模数转换器，若最大的输入电压为+10V，问当输入电压为 6.5V 时，则输出的二进制数为多少？

【解题思路】 本题考查的是模拟量转化为数字量的计算方法。解题时可分为三个步骤进行：（1）先求出最小分辨电压 U_{imin}；（2）根据输入模拟电压 u_i 与最小分辨电压 U_{imin} 比值，可算出输出的数字量；（3）将输出数字量转换为二进制数码。

【解题结果】 最小分辨电压 $U_{\text{imin}}=\dfrac{10\text{V}}{2^8}\approx 39\text{mV}$。

当输入模拟电压为 6.5V 时，则模数转换器的转换结果为

$$\dfrac{u_i}{U_{\text{imin}}}=\dfrac{6.5\text{V}}{39\text{mV}}\approx 167$$

将 167 转换为二进制数为 10100111。

思考题与习题 7

7-1 什么是 D/A 转换？常见的 D/A 转换器有哪几种？其组成框图是怎样的？

7-2 常见的 DAC 有几种？DAC0832 的三种工作方式是什么？

7-3 影响 D/A 转换器精度的主要因素有哪些？

7-4 A/D 转换的过程包括哪几个步骤？

7-5 A/D 转换器的主要技术指标有哪些？

7-6 12 位的 D/A 转换器的分辨率是多少？当输出模拟电压的满量程值是 10V 时，能分辨出的最小电压值是多少？当该 D/A 转换器的输出是 0.5V 时，输入的数字量是多少？

7-7 某 12 位 ADC 电路满值输入电压为 10V，其分辨率是多少？

第 8 章　半导体存储器

📖 学习目标：

① 了解半导体存储器的主要性能指标。
② 了解半导体存储器的主要分类。
③ 了解半导体存储器的系统结构。

数控机床系统要完成用户一定的任务，就一定会执行一些程序和操作一些数据，那么这些程序和数据在哪"记忆"着呢？在计算机系统中这个"记忆"部件称为存储器（Memory）。所以，存储器在微型计算机系统中是相当重要的。那么什么是存储器？它有哪些分类？它是如何存储信息的？它是如何和 CPU 连接的？如何用小容量的存储芯片组成需要容量的存储器系统？本章就来认识和学习这些相关知识。图 8-1 所示是我们日常生活中常见的一些存储器。

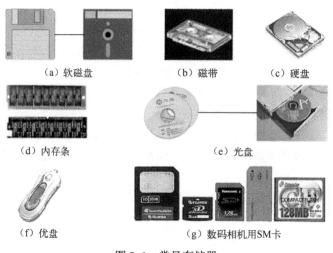

(a) 软磁盘　　(b) 磁带　　(c) 硬盘

(d) 内存条　　　　(e) 光盘

(f) 优盘　　(g) 数码相机用SM卡

图 8-1　常见存储器

存储器是计算机记忆或暂存数据的部件，计算机中的全部信息，包括原始的输入数据、经过初步加工的中间数据以及最后处理完成的有用信息都存放在存储器中。而且，控制计算机运行的各种程序，即规定对输入数据如何进行加工处理的一系列指令也都存放在存储器中。从存储效果来看，一种存储器是，存储的信息可以在存储设备不被供电的时候仍然存在，称为外存储器；另外一种存储器是，用来存放要执行的程序或待处理的数据，一般在不供电的情况下存储的信息消失，这种存储器称为内存，也称为主存储器。为了解决 CPU、内存、外存之间速度不一致（数量级上的差别）的问题，目前大部分微型计算机系统中的存储器系统采用多级分级结构。微型计算机系统中存储信息的设备有 CPU 内的寄存器、高速缓存（Cache）、内存储器和外存储器，其存储层次如图 8-2 所示。

第8章 半导体存储器

1. 半导体存储器主要性能指标

半导体存储器的主要技术指标包括存储容量、存取周期、集成度、功耗和可靠性。

（1）存储容量

表示存储器可以容纳的信息量，常用字节（B，一个字节为8位二进制代码）、千字节（kB）表示。这里 $k=2^{10}$，即1024。

（2）存取周期

存储器完成一次完整的存取操作所需的全部时间，它是允许存储器进行连续存取操作的最短时间间隔，一般以微秒（μs）或纳秒（ns）为单位。随着半导体技术的进步，存储器的容量越来越大，速度越来越快，而体积却越来越小。在芯片外壳上标注的型号后面往往也给出了时间参数，如静态 SRAM 芯片上常标注 XX64-25，XX256-15，XX512-15 等。以 XX64-25 为例，其中"64"表示容量（单位为 KB），"25"表示存取时间（单为 ns）。

（3）集成度

指单位存储器集成芯片能够存储的二进制位的数量，例如1兆位/片、16兆位/片、64兆位/片、256兆位/片。

（4）功耗

功耗通常是指每个存储位消耗功率的大小，单位为微瓦/位（μW/B）或者毫瓦/位（mW/B），包括"维持功耗"和"操作功耗"，在保证速度的前提下应减少"维持功耗"。

（5）可靠性

存储器的可靠性一般是指对电磁场及温度变化等的抗干扰能力，常用平均故障间隔时间 MTBF 来衡量。MTBF 可以理解为两次故障之间的平均时间间隔。MTBF 越长，表示可靠性越高，即保持正确工作能力越强。

2. 半导体存储器分类

半导体存储器分类如图8-3所示。

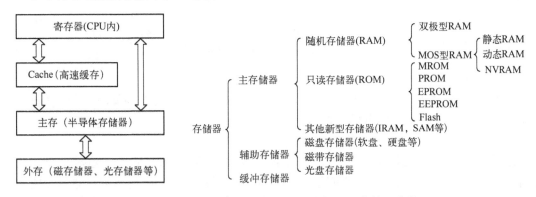

图8-2 存储系统层次图　　　　　　图8-3 存储器分类

（1）按使用功能分类

半导体存储器种类很多，从使用功能的角度可将其分为两大类：随机存取存储器

（Random Access Memory，简称 RAM），只读存储器（Read Only Memory，简称 ROM）。RAM 主要用来存放各种现场的输入、输出数据，中间结果，与外存交换的信息和作堆栈用。它的存储单元内容按需要既可以读出，也可以写入或改写。而 ROM 的信息在使用时是不能改变的，即是不可写入的，它只能读出，故一般用来存放固定的程序。如微机的管理程序、监控程序、汇编程序等，以及存放的各种常数、函数表等。

（2）按制造工艺分类

按照制造工艺的不同，可分为双极型、MOS 型等，微型计算机中的内存储器和高速缓冲存储器使用的一般都是 MOS 型存储芯片。

（3）按存储器在微机系统中位置分类

按存储器在微机系统中的位置分为主存储器（内存）、辅助存储器（外存）、缓冲存储器等。主存储器又称为系统的主存或者内存，位于系统主机的内部，CPU 可以直接对其中的单元进行读/写操作；辅助存储器又称外存，位于系统主机的外部，CPU 对其进行的存/取操作必须通过内存才能进行；缓冲存储器位于主存与 CPU 之间，如图 8-2 所示，其存取速度非常快，但存储容量小，可用来解决存取速度与存储容量之间的矛盾，提高整个系统的运行速度。

（4）按存储介质分类

按照存储介质存储器可分为磁芯存储器、半导体存储器、光电存储器，磁膜、磁泡和其他磁表面存储器以及光盘存储器等。

3．存储器系统结构

一个存储器系统由基本存储单元、存储体、地址译码器、片选与读/写控制电路、I/O 电路等构成，如图 8-4 所示。

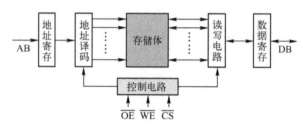

图 8-4　存储器系统结构图

1）基本存储单元

一个基本存储单元可以存放一位二进制信息，其内部具有两个稳定的且相互对立的状态，并能够在外部对其状态进行识别和改变。

2）存储体

一个基本存储单元只能保存一位二进制信息，若要存放 $M\times N$ 个二进制信息，就需要用 $M\times N$ 个基本存储单元，它们按一定的规则排列起来，由这些基本存储单元所构成的阵列称为存储体或存储矩阵。程序和数据都存放在存储体中。

3）地址译码器

地址译码器包含译码器和驱动器两部分。译码器将对地址总线输入的地址码进行译码，以选中某一单元。由于存储器系统是由许多存储单元构成的，每个存储单元一般存放

第 8 章 半导体存储器

8 位二进制信息，为了加以区分，必须首先为这些存储单元编号，即分配给这些存储单元不同的地址。地址译码器的作用就是用来接收 CPU 送来的地址信号并对它进行译码，选择与此地址码相对应的存储单元，以便对该单元进行读/写操作。

存储器地址译码有两种方式，通常称为单译码与双译码。

（1）单译码

单译码方式又称字结构，适用于小容量存储器。

（2）双译码

在双译码结构中，将地址译码器分成两部分，即行译码器（又叫 X 译码器）和列译码器（又叫 Y 译码器）。X 译码器输出行地址选择信号，Y 译码器输出列地址选择信号。行列选择线交叉处即为所选中的内存单元，这种方式的特点是译码输出线较少。

4）片选与读/写控制电路

片选信号用以实现芯片的选择。对于一个芯片来讲，只有当片选信号有效时，才能对其进行读/写操作。片选信号一般由地址译码器的输出及一些控制信号来形成，而读/写控制电路则用来控制对芯片的读/写操作。

5）I/O 电路

I/O 电路位于系统数据总线与被选中的存储单元之间，用来控制信息的读出与写入，必要时，还可包含对 I/O 信号的驱动及放大处理功能。

6）集电极开路或三态输出缓冲器

为了扩充存储器系统的容量，常常需要将几片 RAM 芯片的数据线并联使用或与双向的数据线相连，这就要用到集电极开路或三态输出缓冲器。

7）其他外围电路

对不同类型的存储器系统，有时还专门需要一些特殊的外围电路，如动态 RAM 中的预充电及刷新操作控制电路等，这也是存储器系统的重要组成部分。

思考题与习题 8

1．存储器系统中的哪一类存储器用来存储程序指令、常数和查找表信息？哪一类存储器用来存储经常改变的数据？

2．存储器系统结构主要包括哪几部分？

参 考 文 献

1. 范次猛. 电子技术基础. 北京：电子工业出版社，2009
2. 陈振源，褚丽歆. 电子技术基础. 北京：人民邮电出版社，2006
3. 陈梓城，孙丽霞. 电子技术基础. 北京：机械工业出版社，2006
4. 石小法. 电子技术. 北京：高等教育出版社，2000
5. 张惠敏. 电子技术. 北京：化学工业出版社，2006
6. 郑慰萱. 数字电子技术基础. 北京：高等教育出版社，1990
7. 沈裕钟. 工业电子学. 北京：机械工业出版社，1996
8. 唐成由. 电子技术基础. 北京：高等教育出版社，2004
9. 刘阿玲. 电子技术. 北京：北京理工大学出版社，2006
10. 王忠庆. 电子技术基础. 北京：高等教育出版社，2001
11. 胡斌. 电子技术学习与突破. 北京：人民邮电出版社，2006
12. 杨承毅. 模拟电子技能实训. 北京：人民邮电出版社，2005
13. 罗小华. 电子技术工艺实习. 北京：华中科技大学出版社，2003
14. 胡斌. 电源电路识图入门突破. 北京：人民邮电出版社，2008
15. 胡斌编著. 放大器电路识图入门突破. 北京：人民邮电出版社，2008
16. 陈小虎. 电工电子技术. 北京：高等教育出版社，2000
17. 胡峥. 电子技术基础与技能. 北京：机械工业出版社，2010
18. 陈振源. 电子技术基础学习指导与同步训练. 北京：高等教育出版社，2004
19. 范次猛. 电子技术基础与技能. 北京：电子工业出版社，2010
20. 冯满顺. 电工与电子技术. 北京：电子工业出版社，2009
21. 李少纲，薛毓强. 电子技术. 北京：机械工业出版社，2009
22. 秦曾煌. 电子技术. 北京：高等教育出版社，2004
23. 王乃成. 电子技术. 北京：国防工业出版社，2003
24. 丁德渝，徐静. 电子技术基础. 北京：中国电力出版社，2010
25. 庄丽娟. 电子技术基础. 北京：机械工业出版社，2011

反侵权盗版声明

电子工业出版社依法对本作品享有专有出版权。任何未经权利人书面许可,复制、销售或通过信息网络传播本作品的行为;歪曲、篡改、剽窃本作品的行为,均违反《中华人民共和国著作权法》,其行为人应承担相应的民事责任和行政责任,构成犯罪的,将被依法追究刑事责任。

为了维护市场秩序,保护权利人的合法权益,我社将依法查处和打击侵权盗版的单位和个人。欢迎社会各界人士积极举报侵权盗版行为,本社将奖励举报有功人员,并保证举报人的信息不被泄露。

举报电话:(010)88254396;(010)88258888
传　　真:(010)88254397
E-mail:dbqq@phei.com.cn
通信地址:北京市海淀区万寿路 173 信箱
　　　　　电子工业出版社总编办公室
邮　　编:100036